藍學堂

學習・奇趣・輕鬆讀

財星百大企業
搶學的

1分鐘
GPS溝通術
The First Minute
How to Start Conversations That Get Results

CHRIS FENNING
克里斯・范寧 ——著

何玉方 —— 譯

不斷升高的議題

其他溝通媒介

舉例說明 面試訪談的回應框架

立職場溝通於不敗之地

彭冠宇
清華大學職場溝通學老師

克里斯・范寧是我在領英（LinkedIn）上的好友，初次讀到這本大作《財星百大企業搶學的・1分鐘GPS溝通術》不禁莞爾，會心一笑。腦海中浮現千帆過盡，職場個案歷歷在目，若說職場溝通學是一門浩瀚學海，那麼本書確實是出航前最務實、最具象的心法鍛鍊，立職場溝通於不敗之地。不僅如此，還能降低領導者煩躁暴跳的機率，特別是緩和甫上任新職的能人之士在主管辦公室門前踱步躕躊的心緒。

在華人世界特別多禮委婉的文化下，領導人一開始設定的微笑糖衣包裝，極其容易在漸漸抵擋不住漫無重點的對話之下，情緒的火山終究爆發或面露不耐。而報告者的心情則如臨深淵履薄冰，好不容易抓到了要呈報的對象，總如再無機會見面般一股腦兒地將報告內容傾洩而出，獲得白眼不打緊，最怕該溝通的任務甚至個人的品牌形象就

此被貼上負面標籤。其實主管的時間並不難約、情緒也不是難以捉摸，而是不良的溝通有如催狂魔般地侵蝕著主管的理智線，特別是現今工作壓力巨大、企業步調極快又瞬息萬變的職場環境。

此時，范寧寫的這本書有如湍急流水中的浮木，撐起了一個最基本可以讓報告者預先自省跟整理的方法。

南朝·梁·沈約《宋書·江秉之傳》：複出為山陰令，民戶三萬，政事煩擾，訟訴殷積，階庭常數百人，秉之禦繁以簡，常得無事。

這是怎樣的一個概念？便是以簡馭繁。

我從書中習得的主要重點有二：

一、先設定「議題框架」來闡明溝通意圖，其中包含三大要素：

　　1.背景脈絡：用簡單的幾句話即可傳達清楚。如：說明你的專案名稱、哪位重要客戶或問題所在？

　　2.溝通意圖：究竟你要對方做什麼？純告知？回應之前對方要求的資訊？還是需要指導協助、請求行動、呈報決策或在某個時點前必須預告重要訊息？

　　3.關鍵訊息：運用美國軍方的「BLUF」（Bottom Line Up Front）先闡明「重點」所在。這種溝通方

式將對方需要知道或最關心的結論和建議放在訊息的開頭，而不是結尾，有助於人們快速地做決策。

二、再提出「結構摘要」採用「目標、問題、解決方案」（Goal, Problem, Solution）GPS引導原則來闡明：

1. 你想要達成的目標；

2. 阻礙你達成目標的問題；

3. 問題的解決方案。

許多自稱為溝通「學」的老師，教的卻是「術」，看似充滿職場個案情境的神來一筆，其實解法雜亂無章，乍看為江湖術士的巧應，但內容卻沒有結構，絲毫無法萃取出一般化的解，教人可以持續不斷地精進與積累。而范寧謙遜地提出溝通「術」，教的卻是「學」，以簡馭繁，讓工作者在門外尚無充裕時間窺其堂奧之際，便以習得入門的正確招式與心法，以此自學必能逐漸培養厚實的內力修為。

語本《孟子・盡心下》：盡信書，則不如無書。吾於武成，取二三策而已矣。

最後，我想說的是盡信書不如無書，讀書不可拘泥於書上所載，一味盲從，將本書知識成功落實的「調節變項」仍然得視與職場工作的相關程度。

職場相關性高的場域與時機將會是最合適應用本書的學習點，如果轉換場景到與你朝夕相處親近的人溝通，發言不必再服膺本書的重點，面對相信自己的人自在放心地訴說，因為不論發言者講的內容有多麼散亂無章、繁冗厚重，那字字句句沒有重點的訊息，對聽的人來說，全是往後人生裡記憶猶新、充滿溫度與故事的親情與友情。

通過刻意練習，
成為有效溝通的高手

黑主任

職場FB粉絲團【職場黑馬學】版主、
《升職加薪必備！職場黑馬簡報術》作者

「善於用溝通能力解決問題的人，特別容易在當今社會中散發出耀眼的光彩。」

無論你從事什麼職業，是腦力亦或是體力勞動者，都不得不承認──「溝通」是不可或缺的通用技能，或許你也曾經遇到這樣的困惑：

- 同樣一件事，有人三、兩句就把核心資訊表達清楚，而你講了一長串卻什麼也沒講清楚，不光聽的人愈來愈困惑，你自己也愈講臉愈紅；
- 同樣是開會討論，有人能有效率地帶出話題節奏，快速引導大家想出解決方案，而你總是抓不住大家的注意力，議題焦點模糊，最後浪費大量時間也得

不出結論。

沒有錯，現實生活中就是會有這麼多的情境，讓我們深刻感到「溝通能力」的重要性，以至於有時會自我懷疑：我表達能力這麼差，是不是太笨了？

雖然溝通表達確實是一種腦力運動，但其實根本原因在於，你沒有形成能快速有效處理資訊的思考和表達方式，導致邏輯結構混亂。你可以觀察那些反應快、表達能力強的人。他們不是比你更聰明，而是更懂得通過有效的思考方式，讓大腦快速歸納和整理資訊，準確地抓住核心和優先級，主導對話進程。

本書作者克里斯·范寧提倡「1分鐘溝通技巧」，通過議題框架（背景脈絡+溝通意圖+關鍵訊息）+結構摘要（目標+問題+解決方案），提供讀者一個可以持續訓練、精進表達能力的「公式」，配以書中大量生動的情境化訓練，讓讀者能深刻體會到「目的溝通」的益處與精妙之處。

當然，如果你期望本書會直接給你一堆辭藻華麗的話術，那你可能要失望了。話術如酒，適量就好，不可貪多。因為話術是情境性知識，需要和具體情境與對象相匹配。一句話再魅惑，換了對象和情境就不一定奏效了，甚

至適得其反。這也正是本書的內核價值所在——向你展示溝通的機理和底層邏輯，而非速食式的知識。

我建議，在讀完本書後給自己一個期限，刻意練習本書所傳授的「GPS導航溝通術」，鍛煉大腦結構化處理資訊和表達的能力。有些學習的回饋是即時的，教你做一道菜、彈一首曲子，能否學會馬上可以檢驗。而有些學習則不同，需要你在日常生活中不斷實踐、反覆打磨，直到它成為你思想的一部分。

我相信，只要持之以恆的訓練，每位讀者都能通過有效的對話與互動過程，實現自己的目標，並解決困擾自己許久的溝通難題。正如克里斯所說的那樣：

「凡事說清楚、講明白其實一點都不難，一切都始於關鍵的第一分鐘。」

工作對話有導航，
職場溝通不迷路

劉奕酉
鉑澈行銷顧問策略長

可曾想過，你每天花了多少時間在工作上的溝通？

根據西門子企業通信集團的研究發現，擁有一百位員工的企業平均每週要花費十七個小時在釐清溝通的內容。這意味著四成左右的工作時間，被浪費在澄清訊息與確認雙方正確解讀。

如果能更快、更精準地傳遞訊息與對話，我們就可以省下更多時間去從事更重要的任務，也能減少不良溝通所付出的高昂代價。

所以，要懂得在對話的一開始就切入重點。

但是，貿然切入重點也可能讓人一頭霧水、失去聽下去的意願，同樣無法展現溝通成效。因此我們必須先讓對方掌握背景脈絡，建立起連結後再切入重點。而我們的挑戰就是：在九十秒內完成這件事。

　　否則對方就會失去興趣、將注意力轉向其他更有吸引力的事物上，比方說手機或是窗外的風景。每當我在企業講授溝通表達的主題演講時，也都會提及這一點；在多數對話場景中，沒有時間讓你慢慢鋪陳、說故事，必須在最短時間內就抓住對方的注意力，說重點、講中要點。

　　這本書就是在告訴讀者如何用一分鐘展開有效的對話，只要兩個步驟：十五秒掌握全貌、建立連結；四十五秒切入主題、說出重點。具體來說，你可以這麼做

- 前十五秒，設定好議題框架：包括背景脈絡、溝通意圖與關鍵訊息
- 四十五秒，提出結構摘要：要達成的目標、阻礙達標的問題，與問題的解決方案

就這麼簡單？

對，就這麼簡單，如果你能事先準備會更棒！

　　我覺得本書最棒的一點，就是沒有太多理論，而是用案例解析與提問，讓讀者循序漸進地理解與掌握這一分鐘該做什麼？如何做好？以及該注意的盲點與誤區。

　　而結構摘要中的目標、問題與解決方案，取其英文字首正好組成了GPS原則，意味著像導航設備一樣，幫助你

為他人引導對話方向，理解抵達目的地可能遭遇的阻礙與路線。

用一分鐘的時間總結你的完整訊息、說明你想達成的目標以及期望對方採取的行動，你的對話將會更簡短有力、也更有成效。更重要的是，只要你抓住了對方的注意力，對方也會願意投入更多時間來對話，因為和你對話就是眼下最重要的事情。

只花一分鐘，套公式就能做到高效溝通，讓職場溝通不再迷路。

先用一分鐘溝通好處多多

　　本書是一份操作指南，教你如何簡單明瞭地在日常工作中開啟對話，包括與團隊、同事、經理對話交流，以及電子郵件往來等等，光是這些職場溝通就占了你80％以上的工作時間。

　　本書提出的技巧是基於以下的核心原則：

- 在溝通之前，你必須先讓對方（聽眾）準備好接收你的訊息。
- 大家都很忙，所以你必須快速切入重點。
- 工作上最有效的溝通是關注行動和解決方案，而不是問題所在。

　　人際溝通免不了需要一些社交互動，但是本書的重點在於工作相關的一切溝通與交流。

———

　　每天我們在工作中與數十人、甚至數百人交流與溝

通，每次對話都有不同的任務或主題，也都有不同的目標和結果。每當與人展開對話，我們知道自己要談論的主題及其重要性，不幸的是，我們的溝通對象對此卻一無所知。

所以，我們開始溝通的時候，聽眾的大腦會努力去了解溝通訊息的背景脈絡，試圖弄清楚這次交談的目的，以及他們自己該如何處理接收到的資訊。如果這些事項沒有在前幾句話中表達清楚，對方的腦海就會創造出自己認定的事實，因而在後續產生諸多問題，包括浪費時間、不正確的假設，以及代價高昂的錯誤。

根據西門子企業通信集團（Siemens Enterprise Communications）的一項研究發現，擁有一百名員工的企業，平均每週花17個小時在釐清溝通的內容❶，相當於一年有884個小時原本可以用於服務客戶，卻被浪費在重複澄清訊息以確保雙方正確解讀。為了避免這種問題一再發生，每次開啟對話的時候，無論是溝通的印刷文件、還是發布百萬美元的廣告活動，都應該簡明扼要。

如果一開始對話明確地表達了背景脈絡、溝通意圖和訊息，任誰可以成功傳達訊息。而且只要運用正確的結構來提綱挈領，即使是最複雜的話題也可以開宗明義講清楚，透過應用本書提出的技巧，真的不用一分鐘，你就能

夠達成你的溝通目標。

　　只要你專注於溝通的第一分鐘，每一次對話都會有所成果，日積月累下來，大家會視你為一位出色又專業的溝通者。

　　書中提供的技巧旨在教你如何為溝通對象提供真正需要的訊息。第一分鐘的溝通框架不是試圖將所有訊息都濃縮在六十秒以內，而是攸關明確的溝通意圖、一次只談論一個主題，以及專注於解決方案而非執著於問題所在。

　　一分鐘展開最有效的工作對話，需要經過兩個步驟：

- **第一步**：在十五秒之內完成對話的框架。設定「**議題框架**」可以提供背景脈絡、明確點出你的溝通意圖，並提出清楚的標題。
- **第二步**：為你需要傳遞的完整訊息建立「**結構摘要**」，陳述目標並定義阻礙你實現該目標的問題，然後將對話重點放在解決方案上。

　　只要遵循這些步驟，你可以自信滿滿地在對話中清楚地闡明主旨。而且無論話題有多麼複雜，全都可以在一分鐘之內搞定。

　　在本書中，你將學習到該如何：

- 進行更簡短、更有成效的工作對話和會議。
- 更快速地切入重點，而不會亂無章法、偏離主題。
- 降低因對方自認為了解你的訊息而引發的誤解風險。
- 引導對方提供你所需要的解決方案。
- 可以運用在任何溝通與對話中，而且成效顯著。

不分職務類別、不分組織層級，這些都不會影響你使用這本書的技巧。本書的作用在於幫助你成為更明確、更簡潔、更有效率的溝通者，而且成效卓越且快速見效。

首先，我要探討職場溝通不良的常見原因：

- 缺乏背景脈絡。
- 溝通意圖不明確。
- 沒有切中要點。
- 在同一對話中參雜多個主題。
- 冗長、雜亂無章的摘要。

你會學習到如何避免上述這些問題，以及如何在一分鐘之內總結你的完整訊息，提綱挈領地說明你想達成的目標，以及希望對方採取什麼行動。你將看到這種技巧如何

應用在不同的工作場景、行業和職務類型中發揮作用。

　　你也將了解設定「議題框架」的三大要素：**背景脈絡**（context）、**溝通意圖**（intent）和**關鍵訊息**（key message），還有如何為成功的對話奠定基礎。

　　最後，你也將學會提出「結構摘要」所需的三個組成要素：（1）你想要達成的目標（goal）；（2）阻礙你達成目標的問題（problem）；（3）問題的解決方案（solution）。無論主題有多麼複雜，只要學會運用這三大要素，你能夠概述任何主題。

　　本書的最後一章示範如何在各種不同職場情境下應用這些技巧。

　　在閱讀過程中，你會認識一些經理人、軟體開發人員、祕書和高階主管，他們當中有人經歷錯失甜點的挫敗感；體驗有如雲霄飛車似的對話；從汽車修理工身上學到寶貴的溝通經驗；甚至了解為什麼把人送入太空的花費如此龐大。

　　本書是我所經歷20,000多次商業和技術職場對話的成果。我已經利用這些技術培訓世界各地的人和團隊，合作對象遍及新創企業、《財星》（*Fortune*）五百強企業、以及英國富時指數百大企業（FTSE 100），這些技巧屢屢發揮絕佳成效。

運用這些技巧，你的對話會更簡短、更清晰、也更有成效，而且方法遠比你想像的還要容易上手，一切都始於關鍵的第一分鐘開始。

1

第一分鐘技巧可以
為你帶來什麼改變

第一分鐘的技巧是從你開始談論工作話題
開始算起。

為什麼職場溝通的第一分鐘很重要？

本書指的「第一分鐘」並不是從雙方一開始互動就開始計算時間，換句話說，不包括私人之間的寒暄問候。本書指的第一分鐘，是從進入與工作有關的對話開始算起。你從私人話題轉向專業話題之際，就開始計時了。

　　坊間許多書籍傳授如何展開一段有助於建立人際關係的對話，有些書籍是教導讀者如何在面試或約會中留下良好的第一印象，另外還有一些書籍則在強調如何適當地開啟棘手、具挑戰性的對話。不過，這些書都沒有教導如何針對一般日常工作話題展開對話。

　　給同事留下良好的第一印象並不難，但是一旦話題轉移到工作內容時，這種印象就常被搞砸了。別人有多喜歡你並不重要，如果你不能夠有條不紊地傳遞訊息，將很難在專業領域受人尊重。

　　職場中的溝通方式會左右別人如何評估我們的工作能力，進而影響未來能否獲得各種好機會，萬一表現得不好，後果可能嚴重打擊我們的職業生涯。拙劣的溝通能力

是職場人士無法獲得升遷的主要原因之一❷，對於想申請領導職位的人更是如此。

我們每天的工作時間超過八個小時，而且50％以上的時間都花在口頭或書面溝通❸，實實在在占用了不少工作時間，更重要的是，每一次的互動都為我們的溝通能力留下了有好、有壞的印象。

你覺得自己的溝通技巧如何？通常給人留下好印象，還是有待改善呢？

如果讀到這裡，你心想已經太遲了——你已經給人留下了不好的第一印象，無法補救了——請千萬不要絕望啊！在過往工作中，或許你經歷過一些不太理想的對話與交流，但是現在還有機會扭轉局面，成為一位擁有清楚表達能力的職場人士。

研究證明，糟糕的第一印象可以透過連續的出色表現來扭轉，只要創造出八次好印象，即可推翻一次壞印象❹。八次聽起好像很多，但是職場中多的是互動機會，想要展現八次的良好對話，你的等待時間其實不會太長。舉例來說，如果每天和同事對話一次，在短短的兩週之內，你就可以翻轉「溝通不良同事」的印象，成為同事心中優秀的溝通者。如果再加上電子郵件、簡報、例行會議，每天你與人溝通的次數只會增加不會減少，所以很快就能改變別

人對你的既定印象。

那麼在短短的八次對話中，該怎麼做你才能從平凡或差勁的溝通者，蛻變成優秀的溝通者呢？

此外，除了需要下一點功夫來扭轉同事或上司對你的既定印象之外，隨著職業生涯的發展，你會不斷地遇到必須留下好印象的時機，像是與其他團隊合作、跳槽新公司的同事等等。

在接下來的章節中，你將學會如何創造完美的第一分鐘，而且任何話題都可以應用。換句話說，你只要將這個「分鐘」技巧運用在所有的職場對話上，都能幫助你自然地傳達訊息、提出請求，以及進行日常各種工作類型的溝通。

課後練習 回顧自己過往的對話經驗

你有沒有收到過表達不夠清晰、簡潔、無法切入點的回饋？

在職場上，你能想像以不好的方式展開談話會產生哪些不良後果嗎？

_____

_____

_____

換個溝通形式，如果你以不清楚或冗長的寫作方式來書寫電子郵件又會產生什麼不良後果？

_____

_____

_____

如果你能確信自己每次溝通都以清晰、簡潔、切入重點的方式開啟，你的職業生涯會有什麼不同？

_____

_____

_____

2
議題框架定義你的
溝通意圖

議題框架必須在對話一開始的前十五秒之
內設定好。

「設定框架有助於人　詮釋資訊。」
——高夫曼（Erving Goffman），美國社會學大師

溝通者和聽眾能快速對話交流的框架

如何展開與工作議題相關的對話，其關鍵點在於我們從來沒上過溝通訓練課。大多數的專業人士都接受過十四年到十八年的學校教育，但是卻沒有任何一堂課教導大家如何溝通工作事務，難怪職場中總是充斥著沒有成效的對話。

在十多年前，我還是一家電信公司的軟體專案經理，負責監督銷往歐洲各地的手機內建軟體的交貨進展。公司中的每一位專案經理同時間至少肩負八項複雜的計畫，業務涉及多國、數百名合作者。

與眾多的大型專案一樣，我們也有溝通問題，但是真正的麻煩在於，團隊人員溝通不良不是偶爾才發生，而是連日常溝通都有困難。參與專案的每位成員均表示，問題在於跨洲工作常見的語言障礙和文化差異。但是深入觀察他們的工作情況之後，我漸漸發現是其他原因導致了團隊的溝通挫敗感。

某天，我正要去吃午餐的時候，這個問題實際發生在我身上。我的測試團隊成員史蒂夫在自助餐廳門外把我

攔了下來，開始述說他某一項專案的測試問題。聽幾分鐘
之後，我打斷了他，問道：「對不起，你說的是哪個專
案？」

「哦，就是LT-10那個專案呀」，隨即自顧自繼續談論
這個問題。

聽到了專案名稱之後，他提供的某些訊息我才比較聽
得進去。LT-10專案攸關一項備受矚目的產品，將在未來幾
週之內推出上市。現在他的對話內容引起了我的注意力，
我開始專注地聽他說明。

幾分鐘過去了，我還是搞不清楚他的問題出在哪裡，
以及為什麼需要告知我。

一大群人從我們身邊經過，加入走廊上大排長龍等
著買午餐的隊伍。我的肚子咕嚕咕嚕叫，腦中閃現空空如
也的甜點櫃檯，我等著史蒂夫說完他目前的想法，隨後回
道：「我聽到了很多有趣的事情，有什麼我可以具體幫上
忙的地方嗎？」

史蒂夫變得一臉困惑，回我說：「哦，我猜你大概會
想知道，我們會錯過測試截止日期，所以需要你的批准才
能將上線日期延後一個月。」

最後他說出的訊息大大改變了我們互動的本質，這件
事情非同小可，製造商在當月底已經投入了數百萬美元的

電視廣告支出，我們絕對不能錯過截止期限啊。

　　甜點立刻被我拋在腦後，我請史蒂夫重新再說明一次，這次我大概掌握了他所說的細節，也能夠釐清問題所在，這些資訊有助於我們決定最適合的行動方案。

　　上述這種狀況凸顯出團隊溝通的關鍵問題。如果要耗費將近十分鐘才能說清楚我們在旗艦專案上遇到了重大的瓶頸，代表這種溝通模式大有問題，而且比「文化差異」還要嚴重。

　　問問自己：你經歷過像我和史蒂夫這樣的對話模式嗎？

　　如果你不曾碰過這種情況，你合作過的同事可能都知道如何在第一分鐘之內明確地溝通。但是，如果你也親身經歷過，不妨思考以下的問題：

- 這種事情經常發生嗎？
- 最後恍然大悟的需求，是否改變了你對之前訊息的看法？
- 這過程是不是白白浪費了你或是其他相關人員很多時間？

　　還有一個讓你更難啟齒的問題：你和別人的交流過

程，是否也像這般沒頭沒腦地展開交談？

在我的培訓課程現場，只要提出這個問題，總是換來學員一片靜默。最後，還會看到有些人不情不願地點了點頭，意識到自己也經常以這種模式開啟對話。

懺悔時刻：我和同事交流的時候也跟上述實例一樣，沒頭沒腦地展開對話。

事實上，過去我和別人溝通大多都是這樣開始的。我會非常專注於自己想談論的話題，卻忽略了別人並不了解我所知道的訊息，這代表很多對話都沒有前因後果、毫無頭緒地展開。

從自助餐廳走廊的對話之後又過了幾個星期，這件事仍然迴盪在我腦海中。我想知道有什麼辦法可以讓溝通雙方更清楚、更快速地在工作中分享資訊並達到溝通目的。我開始研究團隊成員的對話模式，也逐漸注意到共同的問題。顯然，許多職場對話展開的時候都存在下列這些問題：

1. 沒有為溝通訊息提供背景脈絡，使得對方不知道對話的主題是什麼。

2. 傳達訊息的目的不明確，使得對方不明白為什麼自己要知道這些訊息。

3. 沒有快速地切入重點。溝通者分享了很多訊息，而且花了很長的時間才表達出對話的關鍵部分。
4. 在一段對話中混合了兩個、甚至多個主題。溝通者有太多話題想討論，但是又講得不清不楚。

只要利用三句簡短的陳述來開啟對話，就可以避免上述的錯誤。每次工作對話都需要這三句陳述才能夠一開口就表達清楚。

- **背景脈絡**：這是你要談論的主題。目前世界上所有的話題中，現在你就是要談論這一點。
- **溝通意圖**：針對分享的主題訊息，你希望對方如何協助或處理。
- **關鍵訊息**：你要傳達的整體訊息中最重要的部分（頭條新聞）。

圖表1議題框架三要素

無論對話主題是什麼、溝通者是誰、聽眾又是誰，這

些要素都不會改變。以正確的順序運用這三大要素，你的議題框架就設定完成了。

在你開始詳細說明之前，先花一分鐘讓對方準備好接收你的訊息，而最簡單的方法就是設定議題框架，讓他們一開始就預先知道即將面對什麼樣的話題。清楚的框架可以確保聽眾在幾句話之內就了解你的訊息重點。

設定議題框架的時候不應該超過三句話，而且應該在十五秒之內說完。

在前述的實例中，如果史蒂夫在找我溝通之前先設定好議題框架，我們也就沒必要浪費時間再重述前十分鐘的對話內容了。

有很多方法可以擬定議題框架，下面舉出兩個範例：

「嗨，我們正在為LT-10計畫進行測試，我需要你的協助，我們在測試的時候碰到了一個難題，因此會錯過最後期限。」

「我們正在測試LT-10；你必須知道我們的進度落後了。」

這兩個範例都透過點出計畫名稱來提供背景脈絡。第

一個範例多表達了「需要你的協助」來闡明溝通意圖，第二個範例的意圖則是直接報告壞消息。二者都傳遞了關於錯過最後期限的關鍵訊息，只是第二個範例更簡明扼要。

你可能認為這樣展開對話很突兀，但是「第一分鐘」的溝通重點並不是要你在十五秒之內傳達所有的訊息，而是先讓對方知道你將要談論的主題與內容，不致於在交談的前幾分鐘依舊摸不著頭緒。如果在對話一開始就說明背景脈絡、溝通意圖和關鍵訊息，每次你的溝通內容肯定都能清楚地讓對方理解。

課後練習 測試職場上你開啟溝通的方式夠不夠明確？

找一封你近期發送的重要電子郵件，郵件內容愈長，練習的效果就愈好。雖然本書大部分的舉例都以如何開啟職場對話為主，但是書面的溝通形式也應用相同的原則。而且我們的記憶力沒有自己認為的那麼可靠，所以利用電子郵件來測試，有助於你能夠清楚地審閱自己所寫的內容。

那麼，你是否提供了背景脈絡、清楚說明溝通意圖、也事先傳達了關鍵訊息呢？

有／沒有

———

　　如果沒有做到上述這些要素，也請不要擔心。在接下來的章節中，你將學會設定議題框架的三個核心要素，以及如何正確應用它們。整個過程中你會發現，將職場對話變得簡潔又有效率是多麼容易的一件事情。

背景脈絡

在開始交談或撰寫電子郵件的時候，你早就知道主題的背景脈絡了，你對此事可能已經思索了好一段時間，可惜的是，對方卻一無所知，他們可能不清楚你說的是哪項專案、你想討論什麼問題，而且他們肯定也在思考別的事情，例如：事務工作、預算規畫、午餐要吃什麼、家庭問題等等。無論他們腦子在想什麼，都不太可能是你正想談論的事情。

「少了背景脈絡，一則訊息只是一個點，和其他許多的點一起漂浮在你腦海中，不具任何意義。」
——邁可・文圖拉（Michael Ventura），美國作家

所以在進入主題的具體細節之前，你必須提供背景脈絡，引導對方做好準備和你溝通，讓你們站在同一個起始點上。

提供背景脈絡並不難，只要用簡單的幾句話就能清楚傳達：

- 說明計畫名稱或問題所在。
- 說明你將要討論的流程、系統或工具。
- 提供與你合作的客戶姓名。
- 說明你想討論的任務或目標。

選項可以說是無窮無盡，重點是要迅速提供背景脈絡，以便聽眾知道你即將討論的主題或領域。

少了背景脈絡，對方沒有辦法和你取得共識，他們會分心，想要弄清楚你到底要說什麼。如果在對話一開始就提供清楚的背景脈絡，可以讓聽眾專注地傾聽你想談論的主題，也有助於過濾掉他們腦海中其他的雜事。

開啟職場對話的時候，有沒有什麼情況是不需要提供背景脈絡說明的？

沒有。在職場開啟新對話永遠需要提供背景脈絡。

某些情況從表面上看起來，好像不需要提供背景脈絡，不過這只是你的錯覺。例如：你與團隊成員正要談論已經密切合作數週的專案，你會覺得好像沒有必要在對話中重提專案名稱。即使是這種情況，當你想討論該專案的時候，同事很有可能正在思考其他的事情。就算你與他們正好思考著同一項專案，但是他們想討論的特定主題未必和你想討論的一樣。如果運氣好大家想討論的主題都相

同，花個十五秒把背景脈絡說清楚，其實也花不了你多少時間。

永遠不要假設對方一定知道你在說什麼。提供背景脈絡只需要幾秒鐘，馬上避免掉令人困惑的時間浪費。事實上，只要確認雙方都想談論同一件事，你就能立刻得到積極的交流互動。

以下是你平時在職場對話中可能需要提供的一些背景訊息範例：

- 我正在執行ABC專案……
- 我正在審查新的資訊安全政策……
- 我們快要和傑佛遜客戶達成交易了……
- 我打算申請休假……
- 我讀了你寄給我的行銷報告……
- 辦公室用品已經送達了……
- 新的預算出來了……
- 我想要獎勵我的團隊……
- 我正在規畫辦公室派對……
- 我們正在審查XYZ的政策……
- 我的車拋錨了……
- 廚房水槽在漏水……

　　這些句子簡短又明確，每一句話不到五秒鐘就能夠說完了。

　　可能的背景訊息不可勝數，與世界上存在的工作和職場狀況一樣種類繁多。而你需要做的只有：明確表達你想要談論的主題。

▌課後練習 從你的電子郵件找出背景脈絡清單

利用從上一章練習中你挑選出的那封電子郵件，再檢視一次文中是否針對主題提供了清楚的背景脈絡？

_____

_____

_____

你可以做哪些修改使郵件更明確？

_____

_____

_____

根據你的工作性質，以及工作中經常遇到的狀況，預先為自己準備一些背景脈絡的提詞：

背景脈絡1.

背景脈絡2.

背景脈絡3.

背景脈絡4.

背景脈絡5.

背景脈絡6.

背景脈絡7.

背景脈絡8.

背景脈絡9.

背景脈絡10.

這些提詞也可以預先存在電子郵件當成範例，讓你回電子郵件的效率倍增。

溝通意圖

一旦你學會提供背景脈絡了，雙方可以很快取得共識，接下來是時候清楚表明你希望對方如何處理你所提供的訊息。

議題框架 = 背景脈絡 + **溝通意圖** + 關鍵訊息

「告訴我你想要什麼，你內心深處真正想要的是什麼。」

——辣妹合唱團（The Spice Girls），英國流行樂團

闡明溝通意圖

每當我們接收到訊息的時候，大腦會花一些時間來區分清楚該如何處理❺它們。我們想知道自己能否回答該問題、溝通者是否正在尋求回應、我們又應該採取什麼行動或做出何種決定等等。日復一日，大腦每天處理接收到的訊息，並試圖做出適當的回應。這意味著，當你與他人溝通，對方的大腦正努力搞清楚應該如何處理你的訊息，甚至在你還沒說到重點之前，大腦已經開始運作了。

你說明來意的時間花得愈久，對方愈有可能產生先入

為主的想法，而其造成的影響或輕或重。對方可能做出錯誤的假設，以為這個訊息不重要，或是採取了不必要的行動，種種反應的後果，依情況有所不同。

等到你終於表達出實際的溝通意圖，對話可能需要重頭開始講起，因為對方得重新過濾，讓大腦再一次處理正確的訊息。

溝通不良的後果

艾瑪闔上筆電，開始收拾辦公桌。她需要在十五分鐘之內離開公司，趕去參加一場策略會議。正當要離開的時候，同事丹尼爾在她的辦公室門口探頭詢問。

「妳現在有空嗎？」他說，「有關TechCorp的事。」

「我還有幾分鐘的時間，」艾瑪看了看手錶回答說道。TechCorp是這次策略會議的主題，而丹尼爾是這家廠商的主要聯絡窗口，如果發生了什麼事情不在會議的紀錄當中，那她有必要現在先知道。

「太好了！」丹尼爾一邊走進她的辦公室，一邊搖頭說道，「妳絕對想像不到他們這次做了什麼事。」

「我的確想不到，」艾瑪回答，「你就直接告訴我吧。」

「他們剛剛發布了軟體的更新改進，現在可以支援所有我們想要變更的項目。」

「太好了，」艾瑪説。TechCorp能否支援更多的數據，正是公司成長策略的一項重大關鍵，這則消息她絕對可以在策略會議派上用場。

「才不呢，」丹尼爾回答。

「什麼意思？」

「這項更新支援了我們想要的新功能，但是也造成了當前所有的數據無法導入TechCorp系統，這可是很嚴重的錯誤」。

艾瑪之前的愉悅一掃而空，開始擔心起來，她立刻思索系統損毀可能造成的所有影響，腦海裡飛快地考慮著應變計畫，以及她需要聯絡誰來協助。TechCorp主要負責處理新銷售專案的所有會員資料，如果系統出了問題，代表會為客戶帶來嚴重的不便。

「這是什麼時候發生的事？」她問。

「昨晚，」丹尼爾説。

「系統一整個上午都無法運作嗎？怎麼沒有一出狀況就立刻回報呢？」

丹尼爾解釋他的團隊如何在軟體發布的測試階段就先發現這個問題。在他們發現問題之後，計畫之外的更新就被取消了，避免影響到客戶。他還強調，因為測試團隊在更新計畫衝擊到客戶之前已經發現問題，所以測試過程運作非常良好。

不幸的是，在故障排除的過程中，TechCorp發現了另一個以前不曾碰過、而且後果更嚴重的問題。

故事峰迴路轉，艾瑪的心就像洗三溫暖似的，憂慮和解脫的情緒不斷交替。儘管心情起伏不定，但是訊息似乎往好的方向發展。她比較在意的是，到底丹尼爾需要她哪方面的協助。TechCorp是未來三年策略發展的核心，在執行團隊當天下午的會議敲定之前，她必須知道這個問題會不會影響到公司的全盤計畫。

「這件事聽起來很嚴重，」艾瑪在丹尼爾的獨白空檔中間插話問道，「我們需要找別的供應商嗎？」

　　「哦，不用，」丹尼爾說，「他們今天早上找到解決辦法了。」

　　講到這裡，艾瑪完全不知道問題到底還存不存在，「對不起，丹尼爾，我被你搞糊塗了，在我去開會之前，有什麼關於TechCorp的具體訊息是我必須提前知道的？」

　　丹尼爾聽完一臉驚訝，「哦，沒有耶，一切運行良好。他們把問題都解決了，我只是覺得妳可能會對這件事感興趣，公司裡無時無刻都充滿刺激啊。好吧，我就不打擾妳了，祝妳的策略會議一切順利。」

　　問問自己：上述這種情況有多頻繁發生在你身上？

　　如果談話過了五分鐘之後，你還是搞不清楚對方真正的溝通意圖，你會怎麼做？你得花多久時間才能知道要如何處理這些訊息？

小提醒

如果你發現自己處於這種情況，而且談話過了一分鐘，但是溝通目的仍然不明確，不妨請溝通者表明他的來意（溝通意圖）。這個直球問題有助於雙方都從對話中獲得最大的成效。

溝通意圖會改變大腦處理訊息的方式

　　大腦根據不同的目的處理和儲存訊息，如果知道訊息純屬娛樂性質，而非必要學習的主題，大腦會以不同的方式區分處理。此外，大腦的工作記憶大約只能維持二十秒⁶，人類會利用這段時間來過濾訊息、區分訊息應該如何處理，進而決定訊息儲存的方式。所以如果溝通者闡明意圖的時間超過二十秒，聽眾的大腦就會停止處理前一個二十秒所聽到的事情，轉而去處理最新二十秒聽到的訊息。

　　無法確認對方的溝通意圖，就很難處理接受到的訊息。如果溝通的訊息同時參雜好、壞消息，那更不容易處理了。缺乏明確意圖會使對話主題迂迴曲折，溝通過程就像坐雲霄飛車一般。

　　對上述案例的艾瑪來說，丹尼爾口中說出計畫生變的那一刻起，她的心情就開始跌宕起伏，開始考慮緊急應變措施。由於不知道對方明確的溝通意圖，艾瑪的大腦認定有一個問題急需解決，於是思考著實際上根本沒有必要採取的行動。這次的狀況造成的唯一影響，是艾瑪會議遲到了。假如艾瑪在丹尼爾尚未澄清溝通意圖的情況下就趕去參加會議（以為軟體問題無法解決），後果可能會更糟糕，他們必定會改變與TechCorp公司的商業策略，對兩家公司造成難以言喻的後果。

聽眾理解溝通目的所需的時間愈長，他的大腦處理資訊的結果愈差，這代表對方不會以你想要或需要的方式處理訊息。更糟糕的是，當對方不曉得該如何處理訊息，他的大腦也記不住這件事，很可能認定這些訊息不重要。

所以，在對話一開始就闡明意圖，可以為對方提供正確解讀訊息的關鍵，並適當地回應。

一句話明確表達溝通意圖

與工作相關的溝通意圖大致可以分成五大類，每一種類別都可以用短短一句話表達清楚，下面圖表2列舉一些參考範例。

圖表2類別清單看似簡短，但是幾乎涵蓋了所有職場溝通內容，例如：

- 當你跟某人溝通某件事情的狀況或問題，你希望對方做出什麼回應？你可能需要對方的幫助、建議、找人採取行動、預先提醒。
- 當你要下訂單採購辦公用品，可能會事先詢問同事想要添購什麼，這就是行動請求。

跟提供背景脈絡一樣，只要簡短一句話就可以表明溝

圖表2 一句話清楚表達溝通意圖

溝通意圖的種類	例句
需要幫助／建議／意見	你能幫助我嗎？ 我們需要你的意見。 我需要一些建議。 你能解釋一下嗎？
請求行動	你能提供有關ABC專案的最新進展嗎？ 你能把合約寄給柔伊嗎？
決策需求	我們需要對XYZ事件做出決定。
事先預告某事即將發生，以免對方措手不及	注意了，ABC即將發生一些事情。 在你和客戶溝通之前，你需要知道這件事。
提供別人之前要求的資訊／意見	這是你要的報告。 這是你要求的資訊。

通意圖。像圖表2列舉的這些句子，就足以讓對方知道應該如何回應從你那邊接收到的訊息。

　　如果你在職場的一切互動都能簡短地闡明溝通意圖，就可以每次清楚傳達出你希望對方如何處理訊息，這做法也有助於他們決定現在是否有時間與你討論相關訊息，還是要稍後再說。

如果你單純想聊天，該怎麼做？

　　還有一個原因我沒有列在圖表2中，就是當你純粹想

找人閒聊。聊天的主題涵蓋廣泛，包括分享故事、講述最近發生的事件、八卦、只想發洩情緒而不期望收到任何建議或幫助，以及與工作無關的一般交談。

如果你只是想「閒聊」，不妨考慮利用以下的句子來表明你的意圖：

- 「我有一則有趣的故事要分享⋯⋯」
- 「你可能會覺得這件事很有趣⋯⋯」

你也可以利用問句，而不是陳述句：

- 「你有時間聽我說一則有趣的故事嗎？」
- 「你想不想知道XYZ發生了什麼事？」
- 「我可以發洩一下嗎？」

在前述的例子中，艾瑪不知道如何回應丹尼爾傳達的訊息，最後她不得不問：「有什麼具體需要我幫忙的事情嗎？」丹尼爾應該早一點表明他的溝通意圖，用一句話讓艾瑪有心理準備，比方說：「TechCorp一整個早上快把我逼瘋了，妳想聽聽嗎？」或是「這事不急⋯⋯」「嘿，跟妳說一件有趣的事⋯⋯」，像這樣簡單的開場白都能預先

表明這項專案沒有任何問題，不致於讓艾瑪白白擔心了十分鐘，也讓她有機會將對話延到策略會議之後。

結合背景脈絡和溝通意圖

在對話一開始先提出背景脈絡和溝通意圖的話，預期的對話內容會變得很明確。在前述的例子中，當丹尼爾說想要談論TechCorp，算是提供了很清楚的背景訊息，可惜的是，他並沒有闡明交談的目的。

以下提供一個新範例，教丹尼爾如何能夠一開始明確表達背景脈絡和對話意圖：

> 「嗨，我可以和妳談談TechCorp嗎？這事不急，
> 但是我想妳可能會覺得這件事很有意思」。

如此簡明扼要、不拖泥帶水，艾瑪能夠評估話題的重要性，並決定要現在聽，還是稍後再談。

讓我們看一下前文提出的背景脈絡範例，並再補充說明溝通意圖：

- 「我正在進行ABC專案，我需要你的建議。」
- 「我正在進行ABC專案，我們需要做出決定。」

- 「我正在審查新的資訊安全政策，有件事你需要知道」。
- 「我們快要和傑佛遜客戶達成交易了，我有一些好消息。」
- 「我打算申請休假，需要你的批准。」
- 「我讀了你寄給我的行銷報告，我認為我們有機會。」
- 「辦公室用品已經送到了，這批貨有問題。」
- 「新預算出來了，這是總結報告。」
- 「我想要獎勵我的團隊，你能幫助我嗎？」
- 「我正在計畫一場辦公室派對，你應該知道……」
- 「廚房水槽在漏水！你能幫助我嗎？」

這些例子中最長的有二十二個字，最短的也只有十二個字，代表你只需要用短短的一句話，就能夠讓對方做好心理準備來接收你的訊息。

想像一下，如果職場上每一次的互動都從上述例句開啟，聽眾永遠能預期接下來的對話內容，他們一定會馬上有了心理準備，認真傾聽你將要分享的所有訊息。

課後練習 **結合背景脈絡和溝通意圖**

再次檢視你在前項課後練習中使用的電子郵件,文中是否明確表達了溝通意圖?有具體說明嗎?還是用暗示的呢?還是根本沒有提到?

如果溝通意圖是暗示性的、或是根本沒提到,那麼收件人很可能不明白你發送電子郵件的真正原因。如果你可以重寫這封電子郵件,你會修改哪些內容來凸顯你的溝通意圖呢?

回想一下你最近工作中的對話,將它們的第一句話調整為背景脈絡再加上溝通意圖:

背景脈絡		溝通意圖
	+	
———————————————————	+	———————————————————
———————————————————	+	———————————————————
———————————————————		———————————————————

同上一題，回想一下你最近工作中的溝通意圖，列出清單貼在你的電腦或存入你的電子郵件範本中，有需要馬上可以使用：

溝通意圖1. _____

溝通意圖2. _____

溝通意圖3. _____

溝通意圖4. _____

溝通意圖5. _____

溝通意圖6. _____

溝通意圖7. _____

溝通意圖8. _____

溝通意圖9. _____

溝通意圖10. _____

關鍵訊息

提供了背景脈絡，也清楚地說明溝通意圖之後，現在該傳遞你的關鍵訊息了。關鍵訊息是對方必須知道且最重要的一句話，不一定要完整涵蓋即將要談論主題的每個細節，但一定得是你最需要溝通的重要訊息。

> 「簡單切中要點始終是清楚表達觀點的最佳方式。」
> ——蓋伊‧川崎(Guy Kawasaki)，矽谷創業大師

　　如果你有過聆聽對方說話的時候心裡納悶：「他們為什麼要跟我說這些？」很可能是因為他們沒有明確表達溝通意圖，也可能是沒有盡早提出關鍵訊息。在一開始溝通的時候就傳遞關鍵訊息，是成為優秀溝通者的重要元素。我以親身案例來說明，你就會明白我的意思了。

　　剛學開車沒多久，我就買了一輛BMW二手車，這是個錯誤的決定，那輛舊車常出狀況，進廠維修比在路上奔馳的時間還要多。每當車子拋錨，我都會把它拖到同一家

修車廠、找同一位修車師傅來維修，他不僅修車技術高超，也知道如何與客戶溝通他們最關切的事情。

　　每次查明故障的原因之後，他會告訴我車子的現況。他知道我最關心的重點是什麼，這也是所有進廠維修的車主最關心的問題：要花多少錢才能修好？以及，修理時間有多長（多長時間沒車代步）？他也不會給我一長串的維修工作清單，或是需要更換的零件清單，而是一開始就告訴我維修總成本、所需完成時間。因此，我總是在開始溝通之前就知道最重要的訊息。

　　給了我報價和維修時間之後，他會盡可能告訴我一切的細節，回答我的問題，並提供縮短修車時間或降低成本的選項，這些對話足以讓我適當評估修車的一切成本。由於事前已經知道關鍵訊息，我比較能夠專注於對話的細節。反之，如果先給我一大堆維修細節，我肯定分心聽不下去，只會想著這次總共又得花掉我多少錢。

　　我從那輛車中學到了兩個重要的教訓：

1. 不要買二手車。
2. 人們通常會想先知道關鍵訊息。

　　在我與史蒂夫討論LT-10測試專案的走廊對話中，你看

到了關鍵訊息是「延遲交付」和「錯過最後期限」，那正是「重點所在」，是我最需要知道的訊息，其他一切細節都是基於這個關鍵訊息而來的。如果史蒂夫在對話一開始時就說出來，我才比較能夠理解其餘的細節。

如果你的聽眾提出以下問題，代表你並沒有明確表達出關鍵訊息：

- 「為什麼你要告訴我這些事情？」
- 「有什麼事需要我幫忙嗎？」
- 「我不知道該如何回應你所說的事情。」
- 「重點是？」

你得到的回應可能跟上方舉例不太一樣，但是只要聽到類似的說法，那就是很明顯的警訊，代表你沒有說出明確的關鍵訊息。

這一類的反應也可能代表你的溝通意圖不明確，然而，即使意圖很清楚，如果關鍵訊息不清楚也會令人困惑。例如，如果你以「給我一些建議吧」來表明溝通意圖，但是隨後的對話中卻又沒有提出清楚的關鍵訊息，對方還是不知道你到底需要什麼建議。

對方如果用一、兩句話重複你的訊息，這可能是積

極傾聽的一種回應技巧，但也可能代表你提供的訊息不明確，對方正嘗試釐清。如果溝通場景屬於後者，對方概述了你的訊息，其實是出於不明白你的溝通意圖，請在繼續談話之前先闡述關鍵訊息。如果對方在未知關鍵訊息的情況下繼續和你對話，之後絕對會產生更大的疑惑。另一種情況是，你聽完對方的概述之後心想：「沒錯，這就是我想說的話」，這就代表你不必重述訊息，只需要把關鍵訊息說得更明確，然後確認他們理解無誤，即可繼續雙方的對談。

任何熟悉美國軍方通信的人都會知道「BLUF」這個詞，為英文Bottom Line Up Front的縮寫，意指「重點先闡明」❼。這種溝通方式是將結論和建議放在訊息的開頭，而不是結尾，有助於人們快速地做決策，並用更簡短的語言傳達訊息。BLUF是定義關鍵訊息最好的方法，是對方需要知道或最關心的一件事情。

上面列出的問題能幫助你做好準備與人交談。在設定議題框架的時候，不妨問問自己：為什麼我要告訴對方這些訊息？有什麼任務需要他們協助處理？如果連你自己都不知道上面問題的答案，對方肯定也不清楚。這些問題還可以確認自己是否需要尋求溝通，還是只想閒聊、八卦或發洩情緒。如果你只是想閒聊，務必在對話一開始就表明

溝通意圖,這樣對方才不會不知所措,不知道該如何回應你的訊息。

如何建立清楚的關鍵訊息

在你開始交談或寫電子郵件之前,思考你要討論的一切細節,然後想像對方問你「重點是?」

通常,這個問題的答案是簡單地陳述話題中最重要、最有影響力的部分。

你的重點不見得一定是描述發生了什麼事,反而是陳述該事件造成的後果,一般來說,事件引發的影響比事件本身更重要。如果所言為真,事件產生的影響可能才是真正重要的關鍵訊息。

讓我們檢視一些範例,看看應該如何清楚表達關鍵訊息:

範例1

> 「我剛和安妮談過了,她告訴我,戴維森集團的業務進展順利,他們有點擔心我們處理最新產品的能力,但是沒有什麼事情是大家無法一起解決的,所以他們同意計畫繼續進行。顯然,他們很滿意我們的簡報,希望簽署一份五千萬美元的交易。伊森現在正在處理文書作業,在今天下班前就會全部完成。」

在這份範例中，關鍵訊息是「與重要的新客戶達成交易」，其他促成此事發展的細枝末節都不重要，但是上面的說法卻大大掩蓋了好消息。即時報告中最重要的一則訊息是與重大客戶簽約，這點應該首先提出，而不是被隱藏在最後。

關鍵訊息＝我們今天將和戴維森集團達成交易。

如果這段對話從一開始就先表明「與新客戶達成交易」的好消息，其餘的訊息就會比較有意義，對方會為這個好消息感到興奮，而不是納悶此事的發展方向。

這種例子經常發生在日常對話當中。我們分享訊息的時候會納入故事的高潮迭起、迂迴曲折，也習慣按照事件發生的時間順序來陳述，如此一來，自然而然地將結局（即事件結果，通常是最重要的事情）留到最後才說，導致單純的即時報告變成一則冗長又不著邊際的故事。

此外，當我們在詳述高潮迭起的故事，等於帶領對方體驗未知的故事結局，所以每一次的高潮或波折都會讓他們誤以為是潛在的結果。

範例2

> 「我們正在努力研究上個月銷售團隊要求加強的系統功能。昨晚我們發布了一個修補程式來測試新資料庫的連接情況，但是出了點問題，造成系統當機，使得銷售團隊到現在還是無法使用系統。這個問題很嚴重，我們需要一些時間來修復系統，預估要一個星期左右」。

在此範例中，關鍵訊息是「銷售系統會停擺一週」，其餘的內容都是關於發生這個狀況的原因和背景細節。對方可能之後會問事情是怎麼發生的，但是他們有必要先知道「重點所在」。

關鍵訊息 = 銷售系統故障了，最快要一個星期才能修復完成。

將一大段的描述濃縮成一句話，不僅使訊息傳遞得更快，重點也更清晰。

上面兩個舉例都很簡短，把文字全說完也只需要半分鐘，一下子就能切入正題。但是萬一對話再長一點呢？要聽多久你才會開始納悶到底重點訊息是什麼？

想想你在職場中經歷過的對話，那些花了兩分鐘、五分鐘、甚至十分鐘才說到重點的，是不是常常讓你等了很久才恍然大悟對方想要表達的「重點所在」？與人溝通的時

候，你是否也花過多的時間才說出目的？若是如此，請試著設定議題框架，並在前十五秒內將關鍵訊息表達出來。

再舉一個例子，這是由於缺乏明確的關鍵訊息而造成對話過程如同坐雲霄飛車一般。

範例3

> 「我阿姨摔斷了胳膊。她人沒事，而且我哥哥會去她家住幾個星期，協助她處理家務。他之所以能夠幫忙，是因為他居家上班，住在阿姨家也不會影響工作。問題是，他不在家，他老婆要出門就會很不方便，因為他們家只有一輛車。下週學校放假了，通常放假期間，我大嫂白天會幫我照顧女兒，讓我可以安心工作。這下可好啦，我大嫂不能接我女兒放學，白天也不能幫我照顧女兒。更糟糕的是，我太太這段期間也出差不在家。我完成了目前計畫大部分的工作，也和艾瑪談過了，她說自己可以處理剩下的工作。既然這樣，請問我下星期可以請假嗎？」

哇，好複雜的狀況啊。你可能聽故事聽到一半就大概猜到發生了什麼事情，只是在等著最後一句話來印證結果。整個訊息重點可以簡化為「我下星期可以請假嗎？」然後再提出背景細節。

關鍵訊息 = 我下星期可以請假嗎？

　　但願大多數主管在這種情況下都會表示同情，不過在知道交談重點是請假之前，他們實在無法評估其他大量的訊息，整個過程就像坐著雲霄飛車，最後一句才切入重點。如果溝通者一開始就說出「要請假」這個關鍵訊息，可能早就得到主管的批准，然後返回工作崗位繼續工作了。

　　以下提供更多例句，展示一般職場對話中如何簡潔陳述關鍵訊息。每一個例句都概述一個更大的主題，但是都用一句話點出「重點所在」，去除一切的解釋和理由，只剩下核心訊息。

- 「我們剛和一位新客戶達成交易了。」
- 「團隊的服務水準超越了目標。」
- 「我們最有經驗的開發人員要離職了。」
- 「系統故障，需要一個星期才能修復。」
- 「我們超出預算了。」
- 「我們會提早完成專案。」
- 「我錯過了截止期限，客戶很不高興。」
- 「客戶要求多一點時間。」
- 「你獲得一個獎項提名。」

這些例子顯示，關鍵訊息可以是正面的，也可以是負面的。只要訊息有包含最重要的關鍵點，就算表達清楚了。

議題框架設定了你想要進行的對話內容，但是並不能取代對話本身，你還是可以繼續說明背景細節。正如我的修車師傅所示範的，給出關鍵訊息之後，總是會有時間可以把細節說清楚。

課後練習 列出你的關鍵訊息清單

再次檢視你在之前課後練習中所用的電子郵件，文中關鍵訊息是否清楚？是不是在郵件的一開頭呢？

_____

_____

_____

你有沒有明確地點出最重要的訊息，還是收件者得自行拼湊理解？

_____

_____

你可以做些什麼補充或是修改，使郵件開頭的訊息更明確呢？

_____

_____

_____

回想一下你最近工作中的對話，將它們的第一句話調整為背景脈
絡再加上關鍵訊息：

背景脈絡		關鍵訊息
	+	
_____	+	_____
_____	+	_____
_____		_____

三大要素合為一體

到目前為止，我們已經認識了設定議題框架的三大要素：背景脈絡、溝通意圖和關鍵訊息，也理解每一個要素傳遞出有價值的訊息，但是請注意，若這三大要素各別單獨存在會無法傳遞完整的訊息。

「告訴我，你要說什麼，你為什麼要說這件事。還有，拜託你直接切入重點。」

——佚名作者

本節將展示如何將三大要素融合成議題框架的簡潔語句，好讓你快速又清晰地開啟職場對話。這框架設定並不難，只要把你的訊息用三個句子表達，然後整合在一起形成一、二句話。

標明主題＋陳述溝通意圖＋切入重點

以下提供一些參考範例：

範例1

- **背景脈絡**：我正在處理傑佛遜公司的案件。
- **溝通意圖**：我要報告一個好消息。
- **關鍵訊息**：他們剛剛成了我們的新客戶。

範例2

- **背景脈絡**：我看了你寄給我的報告。
- **溝通意圖**：你能解釋一下嗎？
- **關鍵訊息**：我想了解專案時程安排的變化。

範例3

- **背景脈絡**：我重新檢視了新的IT政策。
- **溝通意圖**：我需要你採取行動。
- **關鍵訊息**：我們的防火牆不合乎規格了。

範例4

- **背景脈絡**：我想獎勵我的團隊。
- **溝通意圖**：我認為你應該知道這件事。
- **關鍵訊息**：我會花掉整筆獎金預算。

範例5

- **背景脈絡**：我正在進行ABC專案。
- **溝通意圖**：你應該想知道更新的進度。
- **關鍵訊息**：我們錯過了最後期限，但客戶說沒關係。

- **背景脈絡**：廚房水槽在漏水。
- **溝通意圖**：我需要你幫忙。
- **關鍵訊息**：你能打電話找維修工來修理嗎？

　　從上面的範例你可以看出，每一個範例都只有短短幾個字，不到十五秒就說完了，每一句話都包含清楚的背景脈絡、明確的溝通意圖，以及點出重點所在的關鍵訊息。

　　了解如何設定議題框架來開啟明確的職場對話之後，讓我們回顧一下史蒂夫的LT-10專案測試延遲交付的實例，運用議題框架幫助他在幾秒鐘之內傳達出清晰的訊息。

　　快速說明，史蒂夫在我去吃午飯時把我攔下，講了好幾分鐘的話，最後我不得不問他要談論的主題是什麼、還有他希望我做些什麼事，最終史蒂夫才說出一個關鍵訊息，也就是公司即將錯過關鍵產品的發布期限。

- **背景脈絡**：我正在進行LT-10專案的測試。
- **溝通意圖**：我們碰到技術性問題。
- **關鍵訊息**：我們會比計畫進度預期晚一個月完成測試。

如果史蒂夫採用議題框架的對話結構，我會在一開始就理解了談話的主題。

一旦設定了議題框架，大多數的訊息都能夠快速、清晰地傳遞出來。議題框架是一個非常簡單的概念，但是需要反覆練習才能運用自如。不妨就從今天開始，起初你可能講得很彆扭，但你的聽眾絕對會心存感激。你愈常練習，運用得愈得心應手，不久之後就能從高效溝通當中獲益。

如果你擔心自己需要好幾分鐘才能思考出好的議題框架而想放棄，不妨這樣思考：花兩分鐘思考可以讓你隨後立即得到好處，雙方的討論會更簡短、更不容易產生誤解，聽眾也更了解你希望他們做些什麼。

▌課後練習 收集你的前15秒溝通清單

最後再檢視一次你之前課後練習中所處理過的電子郵件。運用議題框架重新改寫電子郵件的開端。有了更清楚的簡介，這封電子郵件是不是讓人更容易理解？能不能再更精簡一點呢？

改寫郵件開端：

_____

_____

精簡內容：

_____

_____

_____

如果你的原始電子郵件已經具備議題框架的三大要素，恭喜你，你很快就能成為優秀的溝通者。如果你的文中只有少許議題框架元素，或是完全都沒有，希望你能明白議題框架的好處，了解在職場上明確與人溝通其實並不難。

接下來，找出你明天所有要與團隊成員、老闆或同事溝通的主題，寫下包含背景脈絡、溝通意圖和關鍵訊息的短句，然後設定好議題框架。你可以把議題框架寫成筆記帶在身上，利用它來開啟雙方的對話。

	背景脈絡		溝通意圖		關鍵訊息
議題框架	_____	+	_____	+	_____
議題框架	_____		_____		_____

議題框架

_____ _____ _____

議題框架

_____ _____ _____

議題框架

_____ _____ _____

議題框架

_____ _____ _____

議題框架

_____ _____ _____

議題框架

_____ _____ _____

議題框架

_____ _____ _____

議題框架

_____ _____ _____

區隔不同的主題：一次對話包含二個以上的主題

單一主題的對話只要稍微思考如何組織，就可以清楚地開啟對話，然而，許多的職場對話不止涵蓋單一主題，因此在談論多個主題的時候，常遇到溝通者很難將對話內容明確且完整地表達出來，而這也是本節要講述的重點。

「要將兩種事物相加或組合在一起，得要二者性質相同才行。」

——史蒂夫‧戴姆（Steve Demme），美國教育家

當一對一的溝通中混雜兩個或多個主題，對話內容更有可能令人誤解或困惑，因此也更有必要設定清晰的議題框架。你或許經歷過這種困惑時刻，而不得不詢問對方「我們還在談論『XX主題』嗎？還是已經換新話題了？」

一旦出現這種困惑感，意味著對話的議題框架建構得不夠清楚。

到目前為止，本書中的所有內容都是教你設定單一主題的對話框架，只有一個背景脈絡、一個溝通意圖和一個關鍵訊息。而兩個或多個主題的對話則具有多個背景脈絡、每個主題有著不同的溝通意圖、內含各種關鍵訊息。如果對話一開始沒有組織清楚，很快就會偏離軌道、混淆關鍵訊息，甚至少了重點。

混合主題最常見的場景發生在電子郵件溝通中，相信許多人都有過這樣的經驗。你是不是也曾經有過這種挫敗的經驗：發送了多個主題的電子郵件，而收件人在回覆時只回答了其中一個問題？我們通常會抱怨對方沒仔細閱讀郵件內容，造成我們必須多花時間往返郵件、或直接打電話溝通來得到我們想要的所有答案。

與其責備對方，不如檢查自己的電子郵件原文，看看信中是不是清楚表明了這封信包含多個問題？這些問題是否與其他文字訊息有明顯的區隔，還是被埋藏在文字段落當中？我們得不到完整答案的原因，通常在於問題組織得不夠清楚，導致對方看不出來信件中有多個問題需要回覆。

更何況，收件人還可以重覆閱讀電子郵件，如果連他

們都容易混淆主題，那更不用說，在面對面的對話中溝通多項主題有多麼困難了。

事實上，職場中許多對話所涉及的主題都不止一個，很容易溝通失焦。透過正確地設定議題框架，溝通上比較容易涵蓋多個主題，同時減少混淆的風險。

先判斷對話是否有多重主題

先設定議題框架的三大元素，不僅幫助你一開始就表明訊息，也有助於判斷對話是否包含多重主題。

從背景脈絡開始思考。如果每個主題都有各自不同的背景脈絡，代表你需要設定兩個單獨的議題框架。如果你想談論兩個不同的計畫、客戶或狀況，那也算是兩個議題。

多個背景脈絡 = 多個對話主題 = 多個議題框架

如果檢視了背景脈絡，確認只有一個主題，那接下請繼續思考你的溝通意圖。如果你需要對方採取兩種不同的行動，就代表有兩個主題。舉例來說，你不能跟對方說訊息僅供參考，同時又要對方採取行動或做決定，這兩個意圖完全不同，所以應該提供兩個不同的訊息。

多個溝通意圖 = 多個對話目的 = 多個議題框架

如果只有一個背景脈絡和一個溝通意圖，則可以確定

只需要設定一個議題框架。如以下範例所示，如果你只有一個主題，只想要報告幾件事項的最新狀況。

範例1

> 「嗨，老大。我們已經完成了檔案審計，有幾件事你可能會想知道。首先，沒什麼你要擔心的事情，喬安娜也簽核了審計報告。此外，我們要從法律事務部借調一些實習生來協助我們整理檔案，部門主管賴瑞說沒問題。」

在範例1中，背景脈絡是「檔案審計」，溝通意圖是「更新一些近況報告」。當中有兩個關鍵訊息：（1）簽核審計報告；（2）借調實習生。這是不同的關鍵訊息，但是都有著相同的背景脈絡和相關的溝通意圖。

但是更普遍的情況是，有兩個關鍵訊息一定要設定兩個不同的議題框架，因為它們各自的溝通意圖一定不一樣。如果你未能在談話中區隔主題，可能會造成我所說的「意外突襲」（ambush）。

當對話一開始表明只有一個溝通意圖，然而關鍵訊息卻呈現不同的行動，就會發生意外突襲的狀況。換句話說，溝通者預先告訴聽眾要討論某件事情，但是隨後卻要求他們做另一件截然不同的事情。拿上述的檔案審計範例

來看，要是關鍵訊息稍有不同，就可能會發生意外突襲的狀況。

「嗨，老大。我們已經完成了檔案審計，有幾件事你可能會想知道。首先，沒什麼你要擔心的事情，喬安娜也簽核了審計報告。此外，我們要從法律事務部借調一些實習生來協助我們整理檔案，你能和該部門主管賴瑞確認OK嗎？」

範例2對話的溝通意圖原本設定為「有幾件事你可能會想知道」，但最後卻要求對方「向法律事務部主管賴瑞確認」。主管在聽到最初的意圖後，不會有心理準備要和法律事務部主管交涉。雖然這只是小事一件，但是沒有人喜歡突如其來的請求或行動。對話應該被設定為兩個議題，一個是近況更新，另一個則是請求協助。

如果你曾經在聽完對方說話之後，心裡想著「啥，他是在說什麼？」那你可能被意外突襲了。當你聽到的訊息不符合原先的預期，就會出現這種反應。極少是因為訊息帶給你驚訝，更多時候是因為溝通者沒有設定好對話的議題框架。

　　想確定你要不要建構多個主題，不妨檢查一下你的關鍵訊息，是否能將兩個以上的資訊整合成一個關鍵訊息？不同的關鍵訊息是否有相同的背景脈絡和溝通意圖呢？若有多個不同主題，請各別設定一個議題框架，以確保對方清楚了解訊息。

　　多個關鍵訊息通常代表不止一個議題框架。

如何將兩個主題分開？

　　多重主題的對話可以利用「**對話框架**」來建構，這個技巧與第二章描述的「議題框架」原理相同。

　　首先，為你要討論的每一個主題設定議題框架，請記住，不同主題需要單獨的議題框架。一旦制定好各別主題的議題框架之後，再為整體對話建構一個對話框架。

　　這種方法設定了完整對話議題，讓對方準備好因應不同的主題。隨後在分段對話中逐一討論每個主題。每段對話都有其特定的議題框架，依此進行，完成了第一個主題的討論之後，對話隨之進入第二個議題框架，以此類推，直到所有的對話主題都討論完畢為止（參考圖表3）。

　　在對話一開始，對方就會知道有多少話題要討論。在談話過程中，主題是分開的，每個主題都清楚表明議題框架，方便聽眾思考不同主題的背景脈絡。

圖表3 如何在單一對話中建構多個獨立的主題

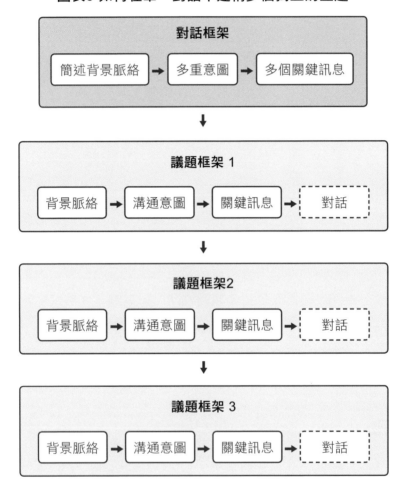

　　舉例來說，提摩西有三個主題需要和他的團隊主管討論：

1. 建議如何處理最近一項交貨問題。

2. 同事獎項提名的決定。

3. 請假的決定。

　　提摩西知道他的團隊主管很忙，所以盡可能地扼要說明。以下是他合併這三個主題所組成的對話框架：

- **背景脈絡**：我想和你討論三件事。
- **溝通意圖**：有一件事需要你的建議，另外兩件事需要你的批準。
- **關鍵訊息**：我們辦公用品交貨出了問題，還有一個獎項我想提名戴夫，以及我需要請假。

　　在設定多個議題框架時，背景脈絡直接點出需要談論幾個主題即可，很多人在這部分經常做錯，總覺得框架很複雜。這概念其實很簡單，就是當你即將談論多個主題的一開始，就先跟對方說明要談論幾件事，如此而已。溝通意圖是將不同主題的意圖組合成一句話；對話關鍵訊息則

是將每個主題的不同關鍵訊息組合起來說明。

你沒必要力求「文字精簡」。在建構多個議題框架時，免不了多說幾句話，而且這種方法對雙方都有很多好處：

1. 可以幫助你有條不紊地組織即將討論的主題，而且區隔主題可以避免話題混淆。
2. 對方可以很快地了解不同的議題，並評估自己想先處理哪一個。

在現今忙碌緊湊的職場中，對方也許只能空出時間討論一件事情，或者有特別想要優先談論的主題。透過建構完整的對話框架，聽眾就可以理解要討論哪些主題以及討論的順序。

如何建構相同背景脈絡的多個主題？

最容易引起混淆的情況是，當我們的多個重點或多項請求都來自同一背景脈絡，各種重點或請求很容易相互混雜。建構完整的對話框架，區隔相同背景脈絡下的不同主題，有助於讓對話條理分明（參考圖表4）。

圖表4 如何建構相同背景脈絡之下兩個不同的主題

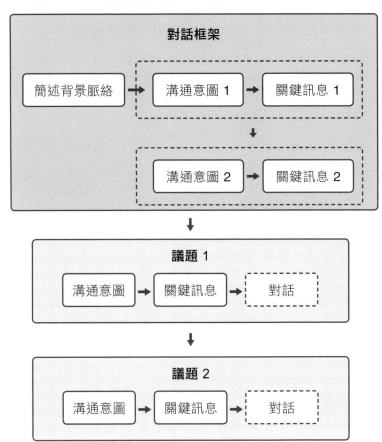

相同背景脈絡下的不同主題表達方式

安德莉亞是一家保險公司的理賠專員,她的團隊最近開始拓展一個新市場,她想向老闆匯報前一週的活動,由於她想優先談論其中兩個主題,所以特別為各主題設定了對話框架。

主題1
- **背景脈絡**:新市場的拓展。
- **溝通意圖**:注意事項/僅供參考。
- **關鍵訊息**:全職團隊超達成所有關鍵業績指標(KPI)。

主題2
- **背景脈絡**:新市場的拓展。
- **溝通意圖**:需要做一個決策。
- **關鍵訊息**:我們是否要終止額外編制人員的工作合約?

設定好兩個議題框架之後,安德莉亞覺得有必要提出清楚的對話開場白,以確保主題有所區隔。她看得出來業績報告與額外編制員工合約之間的關聯,但是不希望這兩個主題被混淆。安德莉亞希望團隊全職員工因其出色表現受到認可,而且關鍵業績指標不會被視為終止額外員工合約的理由。

安德莉亞為對話準備了一段開場白,設定了兩個明確區隔的主題。

「我要報告關於新市場拓展的最新近況,有兩個主題要討論,一個是關於團隊成員的出色表現,供您參考。另一個則是請你就額外人員編制做出決定。」

　　　　安德莉亞運用議題框架的三大要素，進行簡單的介紹：

・**背景脈絡**：關於新市場拓展的近況報告，包含兩個主題。
・**溝通意圖和關鍵訊息1**：報告團隊出色的表現，供老闆參考。
・**溝通意圖和關鍵訊息2**：請求決定額外編制人員的工作合約。

　　　　在這個例子當中，對話的背景脈絡有兩個與新市場拓展相關的主題。溝通意圖很明確，一個是僅供參考，另一個則是請求決定，每個意圖都會連帶一則關鍵訊息，有助於安德莉亞在開始詳細說明之前，有效區隔這兩個主題。

　　開始進行相同背景脈絡多個不同主題的對話時，對話框架的設定為所有內容提供單一背景脈絡，隨後再依照每個主題各自的溝通意圖和關鍵訊息來完成所有對話。

　　對話框架完成後，雙方就可以根據議題框架1或是議題框架2，看想要先討論哪一個主題，依序進行對話。談完第一個主題之後，先重申第二個主題的議題框架，再進行對話討論。這麼做可以完全區隔兩個主題，避免造成雙方混淆（參考圖表5）。

　　如果你想讓對方知道你已經轉換到下一個主題，不妨增加一個額外的步驟。重提一開始對話框架中點出的兩個

或多個主題，有助於引導對方注意到主題已經轉換了，準備好接收不同的訊息，也讓你看起來有條不紊。

圖表5 如何在主題轉換之間重提對話框架

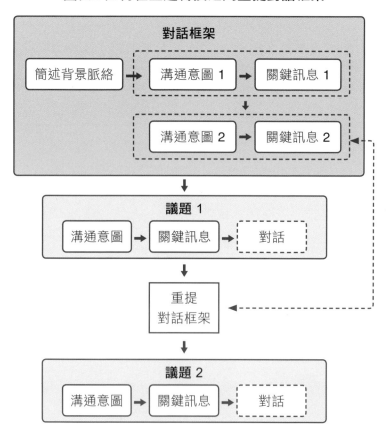

　　有的時候我們會深入著墨一個議題，以至於忘記還有其他議題準備討論。這種情況下，一開始的對話框架也能發揮功效。即使你忘記了，對方可能會提醒你接下來還有其他議題等著討論。不過，這只有溝通者在對話之初就清楚表明有多個主題的時候才會發揮作用。儘管多了十秒鐘的前情提要，卻能幫助你避免談話結束才發現自己還有別的事要討論的挫敗感。

課後 練習 試著在對話中加入多個主題

試著修改下面提供的案例，將這兩個有著相同背景脈絡、不同溝通意圖與關鍵訊息的對話，融合成一或兩句對話框架。一位新產品專案經理打算跟部門主管回報新產品的測試結果：

主題1
- ・背景脈絡：新產品測試結果。
- ・溝通意圖：潛在消費者測試結果。
- ・關鍵訊息：大部分評價良好，甚至比目前市場類似競品更優異。

主題2
- ・背景脈絡：新產品測試結果。
- ・溝通意圖：我們需要討論是否更改訂價。
- ・關鍵訊息：市場調查研究部門回報新產品訂價可以提高。

對話框架

  ・背景脈絡：＿＿＿＿＿＿＿＿＿＿＿＿＿＿＿＿＿＿＿＿。

  ・溝通意圖和關鍵訊息1：＿＿＿＿＿＿＿＿＿＿＿＿＿＿。

  ・溝通意圖和關鍵訊息 2：＿＿＿＿＿＿＿＿＿＿＿＿＿＿。

試著用你的話完整說出來：

＿＿＿＿＿＿＿＿＿＿＿＿＿＿＿＿＿＿＿＿＿＿＿＿＿＿＿＿＿

＿＿＿＿＿＿＿＿＿＿＿＿＿＿＿＿＿＿＿＿＿＿＿＿＿＿＿＿＿

好了，現在換你找一封近期發送包含多個主題的電子郵件，檢視文中是否從一開始就清楚表明包含多個主題？試著改寫這封電子郵件的開頭，明確設定對話框架。

＿＿＿＿＿＿＿＿＿＿＿＿＿＿＿＿＿＿＿＿＿＿＿＿＿＿＿＿＿

＿＿＿＿＿＿＿＿＿＿＿＿＿＿＿＿＿＿＿＿＿＿＿＿＿＿＿＿＿

事先規畫下一次你與團隊成員、同事或主管進行多主題的對話，寫下想要討論的話題。這些話題有沒有相同的背景脈絡呢？選擇最合適的對話框架，寫下背景脈絡、溝通意圖和關鍵訊息之後，再展開對話。有了清楚的整體對話框架，你永遠不會偏離主題。

_____

_____

_____

本章重點回顧

　　恭喜！你已經完成了本書的第二章，了解設定議題框架的三大核心要素：

- **背景脈絡**：幫助對方聚焦於你想談論的話題。
- **溝通意圖**：表明你希望對方如何處理接收到的訊息。
- **關鍵訊息**：一句話總結整個對話的重點。

　　再者，你也學會了設定包含一、兩個或更多主題的整

體對話框架，即使每個主題有不同的溝通意圖和關鍵訊息，還是可以納入同一對話中，而且不會發生溝通不良的情況。

後續行動

議題框架組織了你前十五秒的對話，然後呢？如果你的主題很複雜，又該如何組織其餘的訊息呢？如何在短短幾分鐘內簡述一個龐大的主題？如何組織具有多個變數或背景複雜的訊息呢？

建立成功的對話，需要的不只是清楚的開場白。在下一章，你將了解我所謂的「**結構摘要**」，你會發現無論主題多麼複雜，都可以在一分鐘之內概述溝通內容。結構摘要不僅簡潔，這個技巧還可以將對話焦點放在後續行動上。如果你不必回顧某個主題的前因後果，而是專注於解決問題，你的對話和開會效率會提升到何種程度？不妨繼續看下去，了解箇中運作原理。

小提醒

想要提醒自己在開啟職場對話、與人溝通的時候運用這些技巧，最簡單的辦法是在辦公桌上放個視覺提示，或在便利貼上寫下議題框架的三大要素，然後貼在辦公桌上或電腦螢幕旁。更棒的是，你可以去我的網站下載：www.chrisfenning.com/resources。

3

結構摘要建立
你的溝通要點

> 結構摘要出現在議題框架設定好之後，即
> 關鍵第一分鐘所剩餘的四十五秒。

「我的摘要通常比我的主要想法還長。」

——佚名人士

結構摘要就是目標、問題、解決方案

與人溝通龐大複雜的主題時，如果我們總能在一開始就條理分明地清楚表達，豈不妙哉？

溝通課程經常告訴我們，講話要簡明扼要從主題摘要說起，卻很少教我們該如何建立主題摘要。知道溝通技巧是一回事，明白實際的做法又是另一回事。建立「**結構摘要**」最好的辦法，是採用我所謂的「**目標、問題、解決方案**」（Goal, Problem, Solution）GPS引導原則。

如果你懷疑這種方法如何開門見山地介紹想溝通的主題，請再次檢視上方文字段落，我正是運用「目標、問題、解決方案」，或稱GPS引導原則來撰寫：

- **目標**：與人溝通龐大複雜的主題時，如果我們總能在一開始就條理分明地清楚表達，豈不妙哉？
- **問題**：溝通課程經常告訴我們，講話要簡明扼要從主題摘要說起，卻很少教我們該如何建立主題摘

要。知道溝通技巧是一回事，明白實際的做法又是另一回事。

- **解決方案**：建立結構化摘要最好的辦法，是採用我所謂的「目標、問題、解決方案」（Goal, Problem, Solution）GPS引導原則。

一開始提出好的主題摘要對於清晰的溝通十分重要。少了清楚的摘要，對方可能會不太明白你要分享的訊息，這正是對話容易出錯的地方，以下是溝通當中常見的一些錯誤。

錯誤1：太快深入討論細節

通常這種情況發生在，溝通者想談論有著多個支持論點的主題，然後一見到聽眾就劈頭蓋臉地詳細闡述第一個論點，完全沒有事先提出完整的主題摘要。溝通者忽略了這種做法只會讓聽眾困惑而無法專注。少了大方向的摘要，對方根本不知道這些論點細節跟你想談論的主題有何關聯，也會納悶現在談論的內容是不是重點，還是一些不重要的題外話，因為所有想討論的內容只有溝通者自己最清楚。發生這種現象的可能原因有：

- 溝通者按照事件發生的順序來敘事。
- 溝通者認為聽眾需要了解所有細節才能理解溝通意圖或關鍵訊息。
- 溝通者不確定自己的訊息主旨，也不確定自己希望對方採取什麼行動。

錯誤2：偏離主題

聽某人瞎扯或談論一些似乎與最初談話重點無關的事情，是職場中最令人挫敗又最常見的經驗之一。

錯誤3：執著於問題的前因後果，而不是後續的解決方案

回顧每次的職場溝通，你有多少時間是花在談論問題的來龍去脈，而不是專注於該如何解決問題？當某些事情碰到阻礙或失敗，我們通常會花很多時間討論出錯的原因。大家應該都參加過為解決問題而召開的會議，其中卻有高達80％的時間都關注在問題發生的前因後果，只有在接近會議尾聲、每一位與會者都發言完畢之後，才開始進入正題討論後續的應變措施。到此時，其實已經沒有足夠的時間有效地討論該如何解決問題了，因此很多會議尾聲都會再安排下一次會議日期。

　　大多數的溝通訓練課程都有提出這些問題，並說明為什麼應該避免這些陷阱，甚至建議該如何避免，例如：「簡明扼要」或「每次對話只關注一個重點主題」。不過這些課程通常沒有提供具體的工具或方法，展示如何做到簡明扼要，以及溝通者應該如何確認需要關注的主題。

　　本章描述如何運用「目標、問題、解決方案」來建立出色的摘要。利用這種技巧，無論主題多麼複雜，你都可以清晰地開啟任何對話。

　　這個過程只有三個步驟，不到四十五秒就可以完成，正好補足第一分鐘剩餘的時間。

建立出色的摘要

在對話開始的第一分鐘提出結構摘要，可以讓對方有心理準備預期聽到的對話內容，以及他們需要採取的後續行動。

　　我在本節中描述的結構摘要只需要簡單的三步驟，溝通中有了它，無論談論的主題有多複雜，整體要點都可以用短短三句話來概括。無論原本你想傳遞的完整訊息得花上五分鐘、還是五十五分鐘並不重要，只要學會結構摘要，全都可以在不到一分鐘的時間內簡短概述完畢。

你是如何定義職場對話？

　　想建立明確的摘要，我們必須先了解大多數職場對話的真正性質。

　　排除了社交和娛樂性質的對話內容之後，你會發現大多數的職場溝通都是關於如何解決問題和克服挑戰。更直白地說，工作跟「問題」息息相關，雖然表面上看來並不明顯，卻是不爭的事實。所有公司都有明確的目標、各項衡量指標和截止日期，而平時我們大部分的工作就是確保

實現這些目標和指標，並且避免或預防問題發生。

平時工作中的問題包括：

- 辦公室用品快用完了。
- 會計部門的珍妮沒有時間會面。
- 必須達到銷售目標。

重大問題：

- 團隊未達到關鍵績效指標（KPIs）。
- 整個客戶服務系統故障了，需要花時間修復。

重大事件：

- 我們贏得了奧運會的主辦權，現在需要具體行動計畫！

　　以上各個問題都有各自的複雜性，也有著不同的含義、挑戰和時程。一個話題不管有多複雜或是平凡無奇並不重要，最重要的是，全都需要清楚地傳達出來讓人快速吸收和理解。

　　只要明白幾乎所有職場對話的本質都是攸關解決問

題，之後針對任何情況、任何主題建立結構摘要就會簡單很多，也可以利用相同的框架來避免上一節那些錯誤的溝通問題。

再者，對話內容不應該執著於問題本身，而是專注於問題的解決之道。

如果職場對話的目的是解決問題，那麼溝通的重點應該放在澄清問題所在，快速找出解決方案。碰到問題與他人討論的時候，如果不提各種工作狀況的來龍去脈和細節，那只剩下三種訊息：

1. 你碰到問題了，需要尋找（或請某人提供）解決方案。
2. 你碰到問題了，想要建議一個解決方案。
3. 你碰到問題，不過已經解決了，只是回報結果。

這當中不包括碰到了問題卻不想讓人發現的情況，因為大家都知道，與工作相關的問題絕對不能試圖隱藏。

當職場試圖傳達的內容總結出來只有三項，定義結構摘要的模型就容易得多。

目標、問題、解決方案的結構摘要

概述一個問題主題最簡單的方法，就是採用目標、問題、解決方案來論述。由這三部分組成的結構，為內容大綱和開啟職場對話提供有效率的溝通模式，無論是簡單或複雜的主題全都適用。結構摘要的三個組成部分是：

- **目標**：你想要努力達成的目標。
- **問題**：阻礙你達成目標的問題。
- **解決方案**：相關人士該採取什麼行動來解決問題。

圖表6 結構摘要三要素

| 結構摘要 | = | 目標 > 問題 > 解決方案 > |

目標、問題、解決方案的英文縮寫構成一個好記：GPS。如同導航設備一樣，GPS原則可以幫助你為他人引導對話方向、凸顯出你與目的地之間的障礙，並描述到達目的地的路線。

GPS三個組成元素缺一不可

目標、問題和解決方案是構成對話訊息的獨立元素，三者千萬不要混為一談。

目標和問題最容易被搞混，常常看到有人把問題描述成目標的一部分，人們也普遍認為對話目標就是要解決問題，因而將二者混合在同一句話裡。目標和問題不一樣，應該是對話訊息中兩個不同的主題，目標是你想要達成的事，而問題則是造成你無法達成目標的原因。

圖表7 目標、問題、解決方案示意圖

目標是你想要完成或實現的事。
例如：到達旗子那一端。

問題是造成你無法完成或實現目標的原因。
例如：沿途碰到的障礙物（地溝）。

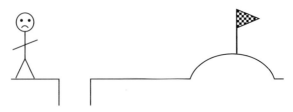

解決方案是你為了解決問題以達成目標而採取的措施。
例如：興建一座克服障礙（地溝）的橋樑。

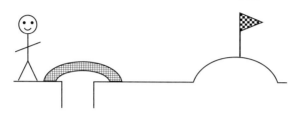

當你不知道如何解決……

不知道如何解決問題時，該怎麼辦？

在你開始與人對話的時候並不需要知道問題的解決方案，你還記得碰到問題的三種情況嗎？

1. 你碰到問題了，需要尋找（或請某人提供）解決方案。

2. 你碰到問題了，想要建議一個解決方案。

3. 你碰到問題，不過已經解決了，只是回報結果。

如果你處於第一種情況，還不知道問題如何解決，那麼對話的目的肯定是要幫助你盡快找到解決方案。這是最簡單的狀況，只要陳述目標和問題，解決方案的部分則說「你能幫忙我想辦法解決嗎？」

　　請人協助你找出解決方案是上述三種情況中最簡單、卻不是最好的溝通方式。

　　通常比較好的做法是自己建議解決方案，而不是毫無頭緒地請人幫忙。如果你完全不曉得應該如何解決問題，就等於要求別人為你解決問題。反之，如果你有一、兩個想法，即使不知道解決方案是否可行，還是可以詢問他人的建議。要求別人傷腦筋解決問題，和要求他們提供看法與建議，二者之間有很大的不同。沒人喜歡額外耗費心力的勞務，但是大多數人都樂於分享自己的專業意見。

　　尋求協助並沒有錯，但是除非你真的不知道如何解決問題，否則在尋求他人建議之前，應該試著自己提出一、兩個解決方案。

　　提出解決方案是高效能人士與眾不同之處，他們經常尋求他人協助，但是一般都會帶著自己的想法來展開對話。

GPS原則可以讓你的溝通簡明扼要

　　請記住，結構摘要主要著重在對話內容的概述，而不

是完整的對話。結構摘要的目的不要你將所有訊息濃縮成幾句話，而是要你先以清晰、簡潔的開場白讓對方大致了解接下來的對話內容。

利用GPS原則來提綱要領，可以讓對方更容易理解目前發生的事以及你的需求，有條不紊地引導對方了解關鍵點，清楚表明你要解決的問題，並以應採取的行動做為結尾。

讓我們看看一些例子。

提出清楚的摘要範例很容易，但是要示範如何建立好的摘要卻困難重重。如果要我完整示範某人亂無章法的對話細節，建構出以目標、問題和解決方案的三句話過程，我得花時間記錄下好幾頁常見的職場對話，而且通常是內容冗長、訊息段落雜亂無章、重點又不知所云，這麼做只會浪費紙張，一點趣味都沒有。

反之，我會仔細說明不同情境下好的結構摘要，提供你做為個人工作的練習參考。

小提醒

下面的範例中我也使用了議題框架，展示這二種框架如何相輔相成地建立清晰的訊息。雖然使用單一結構就足以提供完整的開場白，不過再加上議題框架會使對話過程更有效益。

貨運公司物流出了問題

　　莎姆是一家航運公司的電話客服人員，她前去找老闆報告客戶「戴維森集團」碰到的問題，他們抱怨一批貨物被寄丟了。

　　莎姆先描述這星期初與客戶談到貨物寄丟的問題，還仔細回報與客戶的通話紀錄，然後再逐一陳述過去兩天她為了尋找貨物所採取的行動。到最後她才說出客戶要求退款，這件事需要經理授權協助。

　　在這段敘事中，經理試圖了解整個事發經過，接著針對此事提出了更多的問題，解釋時間從五分鐘變成了十分鐘，最終在經理指出客服人員尋找遺失貨物的方式可能出錯之際，對話也開始偏離了主題方向。

　　這場對話以經理不同意退款而告終，他還需要找時間與莎姆一起檢視物流細節。莎姆回到辦公桌前，對於還沒有解決退款請求一事感到懊惱，明明花了這麼久時間試圖了解問題所在，連她的經理也覺得很挫敗。

　　在這案例中，雙方花了近十分鐘才提出關鍵訊息。你發現關鍵訊息是什麼了嗎？正是需要取得退款授權、並協尋遺失的貨物。

　　如果莎姆開門見山就使用結構摘要來溝通，就能立刻表明她需要經理的退款授權，以及幫忙尋找遺失的貨物。以下是利用結構摘要和GPS引導方法可能得出的對話大綱：

　　「我剛剛和戴維森集團通完電話。你能幫忙解決一個問題嗎？他們沒有收到最後一批貨物，因此要求退款。戴維森集團上個月預付了貨款，貨物卻未寄達，我們需要解決這個問題。我找不到那批貨，而退款金額超出了我的核可權限。你能授權退款，並協助我找到遺失的那批貨嗎？」

- **背景脈絡**：我剛剛和戴維森集團通完電話。
- **溝通意圖**：你能幫忙解決一個問題嗎？
- **關鍵訊息**：他們沒有收到最後一批貨物，因此要求退款。
- **目標**：戴維森集團上個月預付了貨款，貨物卻未寄達，我們需要解決這個問題。
- **問題**：我找不到那批貨，而退款金額超出了我的核可權限。
- **解決方案**：你能授權退款，並協助我找到遺失的那批貨嗎？

這個版本的訊息很清楚，也很容易傳達。如果莎姆以這份範例開啟對話，經理在三十秒之內就能了解整個狀況，其餘的相關對話，例如：事件的細節、評估客服人員追查失物的方法等，可以跟著話題進展陸續進行，或甚至等到雙方有空再來討論，如此一來經理就能夠快速評估情況，採取適當的措施來幫助莎姆。

運用結構摘要不但不會失去討論細節的空間，反而還可以避免雙方的討論陷入細微末節當中。而利用GPS引導原則的結構摘要，有助於專注解決問題、免於話題偏離正軌、陷入細節困境，為對方提供了如何進行對話的選擇。

防火牆新政策的討論

　　一位技術分析師讀完了政府針對防火牆處理交易數據的新指南，正在與IT部門主管討論此事。以下是雙方對話內容利用議題框架和結構摘要所整理出的版本：

　　「我檢閱了新公布的資訊安全政策，我們需要採取行動，因為公司的防火牆不符合規定了。新的行業法規要求所有電子商務交易都得設置五級防火牆，以確保交易數據的安全。很可惜，公司目前的軟體最多只能支援到四級。我們需要制定軟體升級計畫，呈報給高層主管批准。」

- **背景脈絡**：我檢閱了新公布的資訊安全政策。
- **溝通意圖**：我們需要採取行動。
- **關鍵訊息**：我們公司的防火牆不符合規定了。
- **目標**：新的行業法規要求所有電子商務交易都得設置五級防火牆，以確保交易數據的安全。
- **問題**：公司目前的軟體最多只能支援到四級。
- **解決方案**：我們需要制定軟體升級計畫，呈報給高層主管批准。

　　原始對話內容比這個結構摘要冗長得多，充滿了專業術語，也詳述所涉及的流程、服務調用和數據庫等問題。IT部門主管無法在繁雜的細節中找出關鍵訊息或下一步行動，不得不試著理出自己的訊息，重述自己聽到的內容，整個對話花了近二十分鐘才弄清楚真正的問題所在。

　　相較之下，上述的結構摘要版本訊息十分清楚，幾乎是任何職務、任何人都能立刻聽懂，理解發生了什麼事，以及接下來該怎麼做。這個訊息沒有用很多專業術語，也不需

要擁有技術知識才能明白目前所發生的狀況、解決問題的步驟，光憑這點就構成了出色的結構摘要。

在建立自己的結構摘要時，請避免使用艱澀的技術語言，讓任何人都能輕易地理解你的訊息。結構摘要好處是，聽眾不必非得是特定主題的專家才能理解你所說的話。

你可能對系統防火牆或貨運公司的內部運作一無所知，但是我敢保證你一定理解上面兩個範例中發生的問題。而且，這兩種情況都不需要你了解其中所涉及的流程、系統或公司的詳細訊息。

下次向職場同事解釋問題的時候你應該考量，儘管他們不像你那麼了解流程、系統或細節，但是這也不代表你有必要提供一切資訊才能讓別人明白你的需求。利用GPS引導原則來概述對話的目標、問題和解決方案，對方會更容易理解你試圖傳達的內容。

課後 練習 精煉你的職場對話

想一想你近期即將進行的職場對話，最好是一些複雜或具有挑戰性的事情，而且對你的溝通對象來說也是新的、非他專業的話

題。寫下你對話主題的目標、問題和解決方案。

目標（你能清楚地定義想要達成的目標嗎？）：

_____

_____

_____

問題（陳述是否著重在導致目標無法實現的阻礙？）：

_____

_____

_____

解決方案（是不是有明確的解決方案讓對方明白你接下來希望怎麼做？）：

_____

_____

_____

寫下結構摘要之後，開啟對話會容易得多，希望你認為這種方法簡單到，可以在未來所有對話的一開始就做到更精簡、更明確。

———

　　如果你在這項練習中遇到困難，請不要擔心。有很多因素造成我們難以概述複雜的主題，包括：問題有多重變數、許多連帶影響、不同層次、影響到其他的計畫，以及牽涉到其他問題等。GPS引導方法適用於各式各樣的狀況。下一節將協助解決這些因素，並提供克服困難的技巧。

　　如果你還是覺得自己的工作問題太過複雜，無法用三言兩語概述，請繼續看下去。我們將研究一些複雜的例子，包括將人員安全地送到外太空，沒什麼比這個問題更複雜、風險更高了！

一分鐘之內沒有說不清楚的問題

閱讀本文的過程中你可能會想，『我的溝通主題太複雜了，實在無法在一分鐘之內概述完畢』。你的想法我完全理解，在我還沒學會將GPS引導原則運用在複雜的主題上時，我自己也是這麼以為的。

「世上本無事，庸人自擾之。」

——孔子

　　桑托什和道格是美國維吉尼亞州NASA太空總署的工程師，兩人在一場BBQ聚會上談論著他們最熱衷的話題：有必要為國際太空站（ISS）投入更多的資金。當美國將發展遠景鎖定在月球，國際太空站是NASA預算的重要部分，他們兩人都堅決定認為有必要繼續投注資金。

　　就在桑托什和道格深入討論了大約半小時之後，尼克加入了對話，他是一家醫療保健公司的高階主管，也是當

地足壘球聯盟的隊友。完全狀況外的尼克隨口問道：「為什麼NASA的國際太空站需要花這麼多錢？」

兩位工程師開始詳細描述國際太空站的複雜性、太陽和深空輻射帶來的挑戰、將國際太空站維持在正確高度、運送人員物資往返所需的燃料，還談到了軌道碎片造成的風險等等。尼克似乎不太在意，這麼美好的一天，手裡拿著一杯酒，話題又很有趣，其他幾個人也湊了過來，站著聽兩位工程師談了二十多分鐘有關國際太空站帶來的科學突破。

就在兩人說得差不多了，桑托什對尼克表示：「所以啦，你看，正因如此才會需要這麼高昂的費用，政府應該繼續補助資金才對」。

「顯然你們很了解外太空這些東西，」尼克笑著說，「其實我聽不太懂你們說的那一切，但是我認為你們的重點在於，NASA要在外太空建立了一座科學實驗室，幫助人類探索很多重要的事。問題是，太空幾乎遙不可及，有上百種因素可能致人於死地，因此需要大量資金來維護太空實驗室，確保科學家的生命安全」。

桑托什和道格聽得目瞪口呆，周圍的人評論尼克的說法好像更好理解。

「這件事其實更複雜，」桑托什說，「但是，沒錯，

大概就是你說的那樣了」。

除了在新聞或是電視節目接觸到之外，尼克對國際太空站一無所知。他不是工程師，從未參與過太空計畫，對低地球軌道生命的複雜性毫無概念。儘管如此，他還是能從兩名資深工程師那裡吸收大量的技術訊息，並在三十秒之內整理出重點大綱，讓其他非工程專業的賓客也能理解。

你注意到尼克的摘要遵循了GPS的結構嗎？再檢視一遍，看看你是否能辨識出結構摘要的三個組成部分：

- **目標**：在外太空建立一座科學實驗室，幫助人類探索很多重要的事。
- **問題**：太空幾乎遙不可及，有上百種因素可能致人於死地。
- **解決方案**：需要大量資金以確保太空實驗室科學家的生命安全。

由此可見，即使是最複雜的主題也能夠快速又清楚地摘出要點。

有些人可能會認為尼克的摘要過於簡化了。如果一屋子的聽眾都是在NASA國際太空站的工程師，或許是吧，但參加BBQ聚會的賓客都不是技術人員，也不具備這類相

關知識。對話的目的在於解釋為何要斥資鉅額維護一座太空站，而尼克的摘要清楚地說明了這一點。如果桑托什和道格一開始就提出重點摘要，大家也許還可以參與討論，賓客可能會關心目前的研究成果，或對太空的危險性感興趣等等，而不是乖乖坐著聽課。如果每個人一開始就理解重點所在，也不必聽桑托什和道格講二十分鐘了。

任何話題都可以完美又精簡地概述

任何工作話題，不管多麼複雜，都可以用目標、問題、解決方案來概述。

在研討會上我經常聽到與會者這麼說：「我想溝通的主題實在太複雜了，無法在六十秒之內概述完成。」有這種想法我可以理解，尤其是所從事的工作涉及大量的專業與技能。一般人的工作或許不像在外太空的真空狀態中維持生存那麼錯綜複雜，但是考慮到各行各業和工作上許多繁枝細節，也算夠複雜了。

儘管前文中你已經了解，大多數的職場狀況都可視為問題，可以運用GPS引導原則說明清楚。而且BBQ聚會上國際太空站的對話證明，即使最複雜的狀況也能使用重點摘要。那麼我們為什麼還是經常聽到雜亂又過於細節的工作陳述，而不是清晰的摘要呢？

造成過於複雜的職場問題陳述有幾個普遍的關鍵原因：

- **原因1**：我們假設對方的想法和我們一樣。
- **原因2**：我們認為對方需要知道所有細節才能理解問題所在。
- **原因3**：我們關注於變數和連帶影響，而非問題本身。
- **原因4**：我們習慣一次概述多個問題。

原因1：我們假設對方的想法和我們一樣

　　我們本能地以自己需要或希望呈現的方式來概述事情。在國際太空站的例子中，兩位工程師在解釋資金補助的必要性時，就好像試圖說服跟他們一樣具備知識和經驗的同行。事實上，現場是一群對科學技術一無所知的人，只想在概念上理解國際太空站維護成本為何如此高昂，他們不用知道太多細節就能夠理解基本概念。

　　在展開職場對話之前，不妨先考慮「你的聽眾是誰」，想想他們真正需要知道哪些背景脈絡才能明白你的溝通意圖，以及你希望對方如何回應。永遠做到從一開始就盡可能以精簡的訊息和數據來表達你的觀點。過多的訊

息會令人難以理解你要傳達的重點和目的，從最簡單的說明開始，在必要時，你可以隨時補充更多細節。

原因2：我們認為對方要知道所有細節才能理解問題所在

當遇到問題需要其他人提供建議，你會很自然地假設別人也需要了解當前的一切訊息，如此才能提供你最大的幫助。

其實這部分原因出於心理作用，我們會不自覺地認為「如果對方沒有掌握一切狀況，怎麼可能提出正確的建議呢？」還有一種可能是，我們也想證明自己已經很努力思索過解決方案了。

「對方一定得事先了解所有訊息才能提供有益的幫助」的情況很少見。有鑑於職場溝通的目的通常是解決特定問題，我們提供的訊息只要滿足這個目標即可。

如果你已經運用本書前述的技巧來建構議題框架，你應該完成了自己的溝通意圖清單（例如：要求行動、意見、批准、建議等）。完成之後，你只要在結構摘要中納入適當的細節就可以了。以下提供一些說明：

- 如果你需要的是某人的決策，建立框架的時候應著

重於你所需要的決策，而不是需要這個決策的原因。

• 如果你需要解決某問題的建議，建立框架的時候應著重於你急需解決的問題，而不是發生問題的來龍去脈。

另外，想要傳遞清晰的訊息，最好是以精簡的文字傳達適當的資訊。

原因3：我們關注於變數和連帶影響，而非問題本身

職場上待解決的問題都很複雜，如果問題很簡單，我們的工作就不會如此辛苦了。

大多數的問題即使相對簡單，往往也不止一個變數存在，還有許多事務牽涉其中，牽一髮而動全身，其影響遠超乎你目前想要談論的狀況。例如：IT系統相互連接、一項專案成本超支會牽連到其他計畫、專案進度落後可能源於許多任務同時發生問題、一個問題沒處理好導致發生更大的問題等等，不勝枚舉。

但是，不要把問題的成因與實際需要解決的問題本身混為一談。

當人們試圖簡述一個問題，很容易張口就描述事發的前因後果，反而複雜化整個事件，並非專注於急需解決的問題上。多個變數的存在本身不是「問題」。

造成該問題的變數不確定或是不斷變化，才是問題真正的「重點所在」。想在這種情況下溝通，設定的框架應將問題定義為不斷變化的變數，至於解決方案還是著重於如何解決問題。你不需要詳細描述每個變數，提出結構摘要之後，即可在後續對話中納入每個變數的細節、及其對目標造成的影響等等，所以這些細節沒有必要出現在一分鐘的摘要裡。摘要應如其名，概述更高層次的目標、問題和理想的解決方案。

概述問題的連帶影響也是一樣。連帶影響不是急需解決的問題，如果它對工作構成了影響，你的目標還是在解決問題，而不是除去連帶影響。例如：如果一項專案延誤，而你需要等該項專案完成之後才能開始你的工作，那麼問題在於「專案延誤」，而不是「連帶影響你的後續工作」。你的結構摘要應著重於解決專案延誤的問題。

如果你能明確定義目標，以及阻礙達成目標的具體問題，就會得到清楚的框架。

原因4：我們習慣一次概述多個問題

在第二章我們學到，單一對話中包含多個主題容易令聽眾困惑，而試圖在同一個框架中概述多個問題的狀況也一樣。多個問題通常代表需要多個解決方案。

複雜的目標通常包含多個主題，也可能同時存在多種問題，遇到這種狀況時，人們很容易在設定框架的時候列出所有的問題，不過這麼做只會陷入上述常見的錯誤當中，也使對方難以理解對話中交雜的不同主題。

一次解決一個問題，每個問題都需要獨立的對話，不代表你需要與對方分次見面或開會討論。只要在同一對話中依序處理不同的主題就可以了。總結來說，想清楚地溝通多個主題，關鍵在於一開始提出「議題框架」和「對話框架」，並讓每個問題都要有各自的「結構摘要」，如此一來，你就能夠透過有效地交流達到預期的結果。

對話開始之前先設定好對話框架（參見第二章），然後再依照每個新的議題框架和結構摘要開始討論，先完成第一個議題的對話，最好專注於解決方案和實現預期的溝通意圖，隨後再轉入第二個議題，從新的議題框架和結構摘要開始，這麼做可以確保雙方都很清楚要開始討論新的主題了，也都知道新的溝通意圖和所需的解決方案（整體對話流程參見圖表8）。

圖表8 如何建構包含多項議題的對話框架

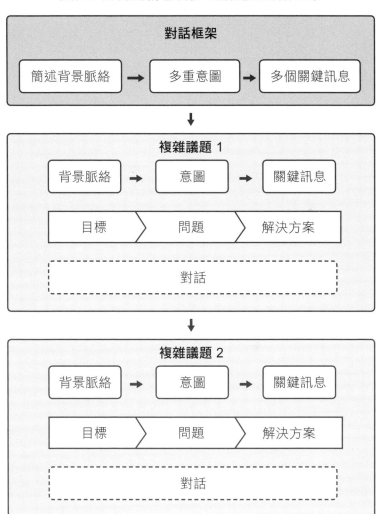

例外狀況：所有問題都指向同一個原因

有一種情況是，存在多個問題卻不需要設定多個議題框架，也就是當所有問題都是出於同一個原因，而該根本原因是唯一需要解決、唯一需要納入GPS結構摘要當中的問題，以下提供一個範例參考：

- **目標**：準時完成產品升級。
- **問題**：我們將錯過產品上線日期，而這會牽涉到很多問題，每個問題都有不同的時程表。
- **解決方案**：我需要找時間和你的團隊一起討論產品上線問題，並制定因應計畫。

上面的範例提供了結構摘要的各個要素，沒有具體詳述特定的問題，而是給了對方重點提醒，包括：發生了什麼狀況、問題所在、解決問題的後續步驟。

如果你對省略所有細節感到不安，可以在結構摘要中陳述「問題」的部分提供一些具體細節，小心不要過度贅述。如果你開始談論細節而不是概述重點，就會造成摘要過度冗長的風險。以下是同一個範例，但在「問題」部分陳述中添加了一些額外的細節：

- **目標**：準時完成產品升級。
- **問題**：我們將錯過產品上線日期，而這會牽涉到很
  多問題，包括：延遲交付、生產流程積壓、延誤測
  試等，每個問題都有不同的時程表。
- **解決方案**：我需要找時間和你的團隊一起討論產品
  上線問題，並制定因應計畫。

　　與上級主管溝通時，明確地概述重點是留下好印象
的關鍵技能，主管永遠期待在討論細節之前先知道前情綱
要。如果你正朝著領導者的職位邁進，或是工作經常得和
主管溝通，清晰的重點摘要是你務必掌握的能力。

　　有很多因素致使我們自認為無法做到這一點，然而，
正如本章範例所示，任何主題都可以利用GPS引導原則快
速且清晰地概述，重點是找出需要討論的關鍵問題，然後
摘成大綱。如果問題很多，就需要提出多個議題架框，以
確保對方不會感到困惑。

課後練習 列出你的GPS對話清單

再次檢視你之前課後練習所建立的多主題框架的電子郵件或對話

筆記。你應該已經為對話設定了良好的議題框架，因此下一步是運用GPS引導原則，寫下各主題建立結構摘要。這個過程應該有助於你釐清對話意圖，也會讓你有完整的筆記可以隨身攜帶，以便開啟清楚的對話。

對話框架1

目標：
_____

問題：
_____

解決方案：
_____

對話框架2

目標：
_____

問題：
_____

解決方案：
_____

對話框架3

目標：
_____

問題：
_____

解決方案：
_____

解決方案需要展望未來

結構化摘要的第三個組成元素是解決方案，告訴對方你希望後續採取什麼行動。即使清楚定義了目標和問題，你還是需要陳述明確的解決方案，不然對方就會納悶你討論的「重點是什麼？」

> 「不要糾結於哪裡出了問題，反之，應該專注於下一步該怎麼做，致力於向前發展，尋找答案。」
>
> ── 丹尼斯・魏特利（Denis Waitley），激勵大師

　　一開始溝通就設定好議題框架，對方會預先知道你的溝通意圖，例如：請求做出決定、提供建議或意見。在結構摘要的解決方案部分，你得具體陳述希望後續採取什麼行動、以及對方該做什麼。

　　為什麼要如此具體呢？因為具體陳述會讓對方專注於解決問題、展望未來和實際行動，不致於執著於討論問題本身。

回顧過去永遠無法解決問題

你一定親身經歷過，人們依照事件發生的時間順序來陳述事情，在本書的範例中你也看到了這種類似情況。我們如果以這種方式溝通，不僅浪費時間，對方還會被迫關注於問題發生的來龍去脈，思考方向都聚焦在如何避免這種問題再次發生。雖然從經驗教訓和改善作業流程的角度來看，這是理所當然的好事，但是卻無濟於如何解決問題。

想要解決問題，我們不希望對方將討論重點放在原本可以如何避免問題發生，不是回顧過去而是要放眼未來。我們希望他們專注於後續行動和解決方案，幫助我們克服問題、快速達成目標。

結構摘要用解決方案做為結尾，以便在一分鐘對話之後可以專注討論問題的解決方案，而不是陷入回顧問題如何發生。

展望未來的對話應該正向積極

只有在對話目標是「防止問題再次發生」，專注於問題的成因才有益處。如果對談的目標並不在此，那麼回顧問題的前因後果只會提醒人們所犯的過錯，令人挫敗感加劇。

　　我當然不是說我們應該避免汲取教訓、忽略解決流程問題的機會，我堅信工作上應該持續追求進步。不過，大部分的溝通目標應該專注於需要採取的行動，盡快解決問題。GPS引導原則有助於實現這項目標。

　　對話一開始就利用GPS引導原則提出涵蓋三大要素的結構摘要，由於著重於解決方案，更容易促成雙方積極有益地溝通。

　　GPS引導原則用解決方案來結尾，不但不會掩蓋問題，還能將對話重點轉移到解決問題應該採取的行動上。如果你是回報問題成功解決了，那麼這個部分就變成陳述任務圓滿達成，再次凸顯積極正向的一面，而不是糾結於過去的問題。

　　這種做法大大提升了近況報告正向積極的一面。

舉例說明1

回報生產線問題

　　一家製造廠發生意外導致停工一整天，領班正向廠長報告近況：

　　「就在我們快要完成BAC-15的生產時，金屬板滾輪卡住了，我們不得不關閉生產線來弄清楚發生了什麼事。結果

發現，之前為了騰出空間安裝新機器，移動了供料線，在機器恢復生產運作之前，卻沒有妥善地移回原位。團隊員工用原始的地板標記來對齊滾輪，沒有因應新的機器配置更新標線。發現這個問題之後，我們不得不重新粉刷所有的地板標記，這項工程花了一點時間。安全指南手冊也已過時，需要配合新的機器配置重新修訂。總之，這一切工作都已經搞定，生產運作也全面恢復正常了。」

領班試著簡明扼要，他說了很多細節，沒有偏離主題，最後也報告了好消息：生產運作已經恢復正常。然而，整個敘事幾乎以負面呈現，因為他在描述解決方案時著重於員工產生的錯誤和問題。這不僅讓廠長的注意力集中在過去而不是未來，也使問題看似依然存在，而非明確指出已經找出解決之道並且任務完成。

利用GPS引導原則重寫此範例，可以看到更正面積極的現狀報告：

「就在我們快要完成BAC-15的生產時，金屬板滾輪卡住了。我們找到卡住的原因，也修復完成，在二十四小時內重新啟動生產線。我們已經修正生產線的配置，也正在更新流程文件，確保這種狀況不會再度發生。」

兩個版本的目標和問題都一樣，但在第二個版本中，解決方案是陳述已經完成的事情，而原版的近況報告則是描述了解決方案，造成好消息被隱藏在一連串問題及其原因之後。在改寫的版本中，解決方案的部分是積極又具前瞻性的近況更新：已採取措施解決問題，生產運作恢復正常，不會再發生同樣的問題。

問題並沒有被隱藏，但重點是團隊為解決問題所採取的步驟，整個近況報告都著重在積極的訊息。

如果你需要提供近況報告，尤其是針對某個問題，請關注為解決問題所採取的行動。如果你尚未採取任何行動，不妨概述你將會怎麼做來解決問題。如果你不知道該怎麼辦，那麼對話目的可能是請求對方提供意見、協助找出解決方案。如果是後者，這種情境使解決方案的陳述單純許多：「你可以幫助我解決這個問題嗎？」

陳述解決方案的時候，積極的表達會使對話從消極檢視問題的成因，轉變成正面、具前瞻性的溝通。

舉例說明2

讓對話充滿前瞻性與積極性

讓我們再次檢視前幾章的範例，看看以解決方案來結尾的結構摘要如何讓對話充滿前瞻性、專注於行動和後續步驟。

範例 1: 電話客服人員莎姆和遺失貨物的退款處理
- **背景脈絡**：我剛剛和戴維森集團通完電話。
- **溝通意圖**：你能幫忙解決一個問題嗎？
- **關鍵訊息**：他們沒有收到最後一批貨物，因此要求退款。
- **目標**：戴維森集團上個月預付了貨款，貨物卻未寄達，我們需要解決這個問題。
- **問題**：我找不到那批貨，而退款金額超出了我的核可權限。

- **解決方案**：你能授權退款，並協助我找到遺失的那批貨嗎？

　　這範例以明確的行動請求（你能授權退款嗎？）和協助追查遺失貨物的下落做為結尾，此時如果經理直接授權退款，對話可能會在下一分鐘就結束，而電話客服人員莎姆也不必浪費十分鐘解釋問題的來龍去脈了。

　　或者，經理可能選擇關注尋找遺失的貨物，如此一來，莎姆很可能必須回答她已經採取的行動等等細節。工作上總是免不了談論出狀況的前因後果，但是透過議題框架和結構摘要，你可以加快解決問題的腳步，而不會執著於問題發生的經過。

　　無論經理選擇優先處理哪一項，對話焦點還是在接下來的行動。

範例2：IT系統需要升級

- **背景脈絡**：我檢閱了新公布的資訊安全政策。
- **溝通意圖**：我們需要採取行動。
- **關鍵訊息**：公司的防火牆不符合規定了。
- **目標**：新的行業法規要求所有電子商務交易都得設置五級防火牆，以確保交易數據的安全。
- **問題**：我們公司目前的軟體最多只能支援到四級。
- **解決方案**：我們需要制定軟體升級計畫，呈報給高層主管批准。

　　這份範例沒有提供問題的解決方案，反而是在結尾處描述解決問題所需採取的行動。接下來的對話可能集中討論由誰制定計畫、如何完成、何時完成。細節會依實際情況的

時間和地點而有所不同，但是關鍵在於開啟對話之後不到一分鐘就聚焦於未來，使雙方能夠開始制定計畫。

　　上述的兩個範例中，聽眾都知道他們接下來應該做什麼，絕不會有「你為什麼要跟我說這些事情？」或「你希望我怎麼回應這些訊息？」等等反應。結構摘要的解決方案部分清楚地揭示接下來應採取的行動，所以當你以此方式開啟對話，對方也會準備好參與後續的行動。

　　現在你已經學會了如何建立結構摘要，也參考了一些範例，該將這些知識付諸實踐了。畢竟想要進步的話，最好的辦法就是多練習，最終使得結構摘成為你的對話本能反應。

▌課後練習 嘗試你的第一分鐘溝通

找出下一個你需要溝通的重要工作訊息，並利用GPS引導原則進行摘要。

首先寫出對話的議題框架，其中包含背景脈絡、溝通意圖和關鍵訊息的要點，然後寫下結構摘要，詳細説明目標、問題和解決方案。

你可以利用第二章練習的筆記，在你已完成的基礎上繼續發揮。

議題框架1：

背景脈絡：_____

溝通意圖：_____

關鍵訊息：_____

結構摘要1：

目標：_____

問題：_____

解決方案：_____

議題框架2：

背景脈絡：_____

溝通意圖：_____

關鍵訊息：_____

結構摘要2：

目標：_____

問題：_____

解決方案：_____

議題框架3：

背景脈絡：＿＿＿＿＿＿＿＿＿＿＿＿＿＿＿＿＿＿＿＿＿＿＿

溝通意圖：＿＿＿＿＿＿＿＿＿＿＿＿＿＿＿＿＿＿＿＿＿＿＿

關鍵訊息：＿＿＿＿＿＿＿＿＿＿＿＿＿＿＿＿＿＿＿＿＿＿＿

結構摘要3：

目標：＿＿＿＿＿＿＿＿＿＿＿＿＿＿＿＿＿＿＿＿＿＿＿＿＿

問題：＿＿＿＿＿＿＿＿＿＿＿＿＿＿＿＿＿＿＿＿＿＿＿＿＿

解決方案：＿＿＿＿＿＿＿＿＿＿＿＿＿＿＿＿＿＿＿＿＿＿＿

　　如果覺得這個練習很困難，請複習前兩章，看看你是否遇到以下常見的問題：

- 你有單一、明確的目標嗎？
- 你是否在結構摘要中納入了多個問題？
- 你是否專注於變數和連帶影響，而非急需解決的關鍵問題？
- 你是否試圖提供你所知道的一切訊息，藉此讓對方（聽眾）了解問題所在？
- 你的解決方案是否具有前瞻性和可行性？

準備好摘要卻記不住怎麼辦？

我將議題框架和結構摘要都設計成簡單、好記、又容易應用的技巧。每當學習新技巧或應用新方法，想要記住一切可能會令人心生畏懼。如果你為對話準備了結構摘要，但不確定自己能否記得住，解決方法很簡單：把摘要寫下來並隨身攜帶。

如果你擔心照本宣科會給人留下不好的印象，不妨這麼想：

1. 對方更關注你的訊息內容，而不是你的傳遞方式，換句話說，內容和訊息比完美的傳遞更重要。

2. 大多數的領導人、政治家、國家元首、記者和執行總裁發表演說的時候，都是利用準備好的筆記和腳本。如果獲得正確的資訊內容不重要，就不會有人發明提詞機了。

不要害怕把內容寫下來，對方得到清晰、簡潔、有意義的訊息時，反而會更欣賞你。久而久之，你將能夠輕鬆運用議題框架和結構摘要來思考和準備即將溝通的訊息，最後你會熟練到連筆記都不需要。就算始終達不到這種標準也不必擔心，我到現在還會在對話之前事先準備筆記，

因為有了這一分鐘的準備讓我信心大增，也能確保對方從一開始就獲得最清晰、簡潔的訊息。

本章重點回顧

對於如何達成簡明扼要的溝通，結構摘要是重要的關鍵。

你可以利用GPS引導原則為所有職場對話建立大綱簡介，並避免最常見的溝通問題：太快投入細節、偏離主題、執著於過去發生的事而非專注於解決方案。結構摘要將使你能夠：

- 簡單明瞭地用幾句話傳達任何訊息。
- 有條不紊地引導對方了解你的訊息關鍵點。
- 以積極、前瞻性、以行動為導向的解決方案來結尾。

了解如何建立清楚的摘要之後，下一步就是確保對

方聽到對話的重點。在下一章中，你將學到兩種快速的方法來檢視對方是否為合適的溝通對象、是否有時間與你對話。這些步驟是成為優秀溝通者的進階學習，能夠確保雙方從對話中獲得最大益處。

4

有效率的對話少不了時間查核＆交談確認點

在議題框架和結構摘要的開頭和結尾設置
兩個檢查點，確認聽眾是否準備好要接受
你的訊息了。

「確保對方已經準備好接收你的訊息。」

——佚名人士

對話先從「可以打擾你一分鐘嗎？」開始

對話至少涉及兩個人，一位溝通者與一位聽眾。即使你為對話主題準備好了精彩的第一分鐘，又怎麼知道對方已經做好準備聽你講了呢？你或許有急著想談論的話題，但對方現在有空參與討論嗎？

想知道對方現在有沒有時間跟你討論問題，最簡單的方法就是直接問對方，而且應該在第一分鐘之內提出。在第一分鐘應該採取兩個關鍵步驟，確保可以順利開啟對話：

- **步驟1**：時間查核→設定你預期的對話時間長短。
- **步驟2**：交談確認點→確認對方現在是否有空與你交談。

這兩個步驟出現在議題框架和結構摘要的開頭和結尾。如果你錯過了這些步驟，對方可能會覺得你很冒失。只要加上這兩個步驟，你的「一分鐘對話技巧」就大功告成了（參考圖表9）。

圖表9 時間查核：可以打擾你一分鐘嗎？

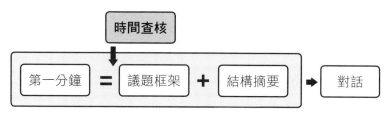

在一開始與人對話的時候，一個重要步驟是設定對話預計會花多久時間。

沒有事先預約突然想找對方溝通，常見的開場白是「你現在有空嗎？」或「可以打擾你一分鐘嗎？」

一般而言，職場人士工作中都會遵守禮節，如果有人要求抽出一分鐘來溝通，我們通常會答應對方，也會把請求當真，認為真的只需要一分鐘。

然而，正如本書之前所展示的，很少有人會在一分鐘之內說到重點，更遑論要達成整個對話目的了。而且，一旦我們的討論內容引起對方注意，彼此會進一步深談到忘記時間，除非個人因素得盡快結束，否則往往都會打破「可以打擾你一分鐘嗎？」的原則，直到雙方達成溝通意圖，若再加上對方的回應以及討論取得共識所需的時間，絕對比原本要求的一分鐘還要多花五到十分鐘以上。

談話超過預定的時間，可能會讓聽眾陷入進退兩難的處境，不是要打斷溝通者，就是得犧牲時間繼續交談，後者甚至會造成負面影響，例如：另一場會議遲到、縮短自己的休息時間。

2步驟解決「你有時間嗎？」的問題

如果你的話題真的可以在一分鐘內討論完畢，「可以打擾你一分鐘嗎？」這句話並沒有錯。但是如果需要一分鐘以上的時間來陳述和等對方回覆，這時候你不妨遵循以下這兩步來避免超時，為雙方帶來更完善的溝通環境。

關於對方是否有時間與你討論，不失禮的詢問方式有兩種：告訴對方你需要的時間、快速切入重點。

第1步：告訴對方你實際需要的交談時間

與其要求一分鐘，不如先說明你實際需要多少的對話時間。如果得花上五分鐘或十分鐘才能談完，請不要說「可以打擾你一分鐘嗎？」

清晰溝通有一部分率涉到處理聽眾的期望，別告訴對方你只會占用一點時間，最後卻超時了。錯誤預估自己設定的時限，只會讓人認為你不是一位優秀的溝通者，甚至不是一位有效率的員工。就像你如果連自訂的工作時間表都無法達成，別人可能會懷疑你是否有能力完成其他截止

期限的工作。最直接地，你可能會激怒你的聽眾，因為他們可能真的只有一分鐘的空檔。

第2步：快速切入重點

告知對方你大約需要五分鐘、十分鐘以上的溝通時間之後，假如對方同意了，不要浪費你僅有的寶貴時間，利用議題框架和結構摘要在一分鐘之內傳達你的訊息，好保留更多時間給真正想討論的內容。

利用結構摘要提供清晰、簡潔的訊息可以讓對方有更多時間回應你，達到你要的溝通意圖，讓雙方皆從討論中獲得最大益處。

這整個過程需要事先思考對話主題和內容，但是你不需要每次談話前都坐下來構思個半小時，而是按照本書的框架，花個一分鐘左右的時間仔細思考你的訊息，確定你想達成的對話目標，並估計需要多長時間才能得到你想要的答案或結果。

花一分鐘準備談話內容對你的工作非常有價值。當你的對話清晰、訊息有效地傳達出來時，你得到的回報遠超過那一分鐘。

交談確認點──「現在方便說話嗎？」

在查核時間之後，接著提出對話的議題框架和結構摘要，讓對方大致了解即將展開的對話內容。不過，即使確認對方現在有空，也同意與你交談，等到他們聽完了你所提供的主要訊息之後，你應該再進一步確認對話是否能繼續進行。

要找人幫你解決問題，這個人必須有能力，同時也要有時間。

- **是否具備能力？**：是否具備能夠幫助你解決問題的知識、管道或權限？
- **是否有時間？**：有沒有時間和意願提供幫助？

圖表10 一分鐘溝通的結尾加上：「現在方便說話嗎？」

是否具備能力？

　　最好早一點發現交談的對象有沒有能力幫助你，才不會浪費彼此的時間。花了十分鐘陳述你的問題，結果換來對方說：「我不能授權這項事務，你需要找XXX談談。」如此浪費的時間與精力實在太划不來了。我們常常自以為知道誰是合適的溝通對象，但是絕對不該假設對方一定有能力幫助我們解決問題。

是否有時間？

　　許多職場對話都不是事先安排好的，你可能會跑到某人的辦公桌前、臨時打電話給對方、在辦公室裡不期而遇等方式展開交談。除非事先約好時間溝通，否則你不太可能知道對方此時此刻是否有空和你討論，他們可能需要時間準備資料來回應你的問題，或是當下另有要事待辦。如果你在走廊上攔下正要前往開會、休息室或是其他地方的某人，與其假定對方有時間，不如直接詢問對方，這就是納入「交談確認點」的關鍵原因。

　　在我們準備與對方交談的時候，通常會假設對方已經做好準備，特別是我們遇到振奮人心的話題，或是事態緊急的狀況。只不過，對方不見得對同樣的話題感興趣，或是不覺得事態緊急，利用交談確認點可以確保雙方都準備

好參與對話了。

陷入對話當中無法自拔

對話一旦展開，溝通者就很容易陷入自以為找對人溝通的情況。

你有過這樣的經驗嗎？一邊聽著同事闡述問題，一邊發現自己不是提供幫助的合適人選。溝通者認定你知道答案，但其實你並不知道，也許因為該事件中有人提及了你的名字，不過你卻無法幫上忙。發生這種情況的時候，不管是你、向你求助的人，都陷入無益的對話當中。如果對方不能簡單明瞭地切入重點，那就糟糕了，明明知道自己幫不上忙，還得聽對方詳細說明問題所在，實在太令人沮喪。

如果碰到這種對話情境，你的回應也沒有太多選擇：

1. 你可以打斷對話，讓對方知道你幫不上忙。這麼做有點魯莽，因為對方可能還沒有把問題說清楚，而你也有可能誤解了對方的溝通意圖。這個舉動會被對方認為你很不禮貌。

2. 你可以等對方把話說完，再回應自己並非解決問題的合適人選。這麼做比較禮貌，但是會浪費你和同

事的時間，而這些寶貴時間原本可以用來尋找真正能夠幫忙解決問題的人。

雖然你無法阻止其他人浪費你的時間，但你自己向別人尋求幫助時，可以在第一分鐘對話結束之後增加交談確認點來避免同樣的情況發生。

有效運用交談確認點

要判斷對方是否有能力、有沒有時間幫助你，必須先了解談話的主題，充分理解你的需求及急迫性。用第一分鐘溝通技巧來清楚地設定議題框架和結構摘要，可以為對方提供充足的評估訊息。

提供明確的訊息是一個好開始，但是光這麼做還不夠，必須讓對方有機會選擇要繼續對話或是退出。你可以利用交談確認點來直接詢問對方，有助於確保對話以最有效益的方式展開。

如果你沒有納入交談確認點，對方就得耐心聽完你的冗長說明，或是不得不打斷你，讓你知道現在他沒有空討論。不管是哪一種狀況，你都是在浪費時間，不是找錯溝通對象，就是對方此刻還沒有準備好與你交談。

當你與他人溝通想要解決的問題，對方會出現少數幾

種反應：

- 立刻準備好和你繼續討論；
- 當下還沒有做好準備與你溝通；
- 告訴你這個話題你找錯人了（或許會指引你去找對的人）；
- 希望你澄清議題框架或結構摘要所提的內容。

如果對方的反應不屬於上述第一種，他們根本不想陷入冗長或令人困惑的對話中。

想要確認雙方是否可以繼續對話並不難。以下是你在提出結構摘要之後，提問確認交談點的一些範例：

- 你能夠幫忙解決這個問題嗎？
- 你現在有空談論這件事嗎？
- 你對我剛才所說的事情有任何疑問嗎？

如果對方無法繼續對話，上述每一個問題都提供了他們機會告訴你。

何時提出交談確認點？

　　交談確認點可以落在表明議題框架之後，或是在提出結構摘要之後，二者各有利弊。

圖表11 提出交談確認點的時間

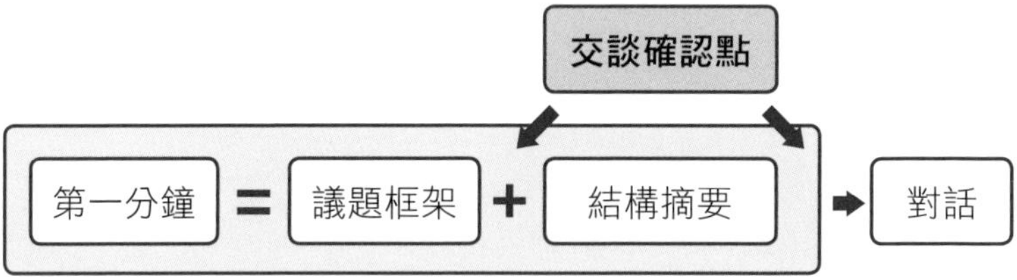

議題框架之後，結構摘要之前提出交談確認點

- **優點**：如果對方無法為你提供適當的幫助，或是現在沒有空交談，這麼做可以很快結束雙方的對話。
- **缺點**：對方沒有足夠的訊息評估對話主題的急迫性。由於還沒有聽到你的對話目標、問題和解決方案，可能無法真正了解你的需求。

在結構摘要之後提出交談確認點：

- **優點**：對方有足夠的訊息理解你的問題和請求。

- **缺點**：需要再等一會兒溝通者才會提出交談確認點。雖然等一分鐘好像沒浪費多少時間，但是如果對方正要趕赴另一場會議或是去洗手間，卻被你半路攔下，就是另一回事了！

只要你願意在一分鐘對話中加入交談確認點，等於提供對方選擇權，選擇要現在與你討論，還是先去處理其他優先關注的事。

如果我不知道該找誰談怎麼辦？

在某些事件中，你會不知道該找誰討論，遇到這種情況，你要解決的第一個問題就是找到正確的溝通對象，這代表你的議題框架和結構摘要應著重在，找出可以幫助你解決問題的人，而不是專注在問題本身，這是看似很小但是卻非常重要的區別。

在不知道該找誰問問題的情況下，議題框架設定的原則沒有改變，還是要提出背景脈絡、溝通意圖和關鍵訊息。

不知道該找誰來解決問題的場合

- **背景脈絡**：我無法登入銷售系統。
- **溝通意圖**：你能幫幫我嗎？
- **關鍵訊息**：你知不知道如何重設密碼？

　　你交談的對象可能知道答案並提供你所需要的訊息，但也可能不知道該怎麼處理你的問題。如果他不知道，接下來他也許會建議你去找別人幫忙，例如：去找安娜試試看，她知道處理該系統的所有技巧。他也許會提供你一些參考資源，例如：你有沒有查看過IT支援服務說明？或者是提供其他建議。

　　如果第一個詢問的人不知道該如何解決你的問題，你可以利用相同的議題框架去問下一個人。

　　假如你已經走投無路了，只想一股腦提出更多相關訊息來說明自己要做的事及其原因，不妨想想看，你都怎麼向陌生人問路。你會提供很長的背景故事，還是會讓對話盡可能簡短呢？

　　我知道自己的選擇：我會盡量簡短，得到所需的幫助，不浪費大家的時間。

本章重點回顧

　　想要對方全心參與你的對話，需要對方的時間許可，同時確認此時此刻適合交談。為了避免影響他人的行程安排，或對你產生沒有效率的負面印象，務必做到下列幾件事情：

- 提出你實際上需要的對話時間請求。
- 設定議題框架並提出結構摘要，快速清晰地切入主題。
- 不要自己認定對方有辦法幫你解決問題，直接問他們是否能夠幫忙。
- 讓對方有機會選擇繼續對話或是退出。

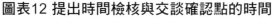

圖表12 提出時間檢核與交談確認點的時間

　　體諒別人的寶貴時間並提出簡明扼要的對話訊息，是所有傑出溝通者的共同習慣。將時間查核和交談確認點納入第一分鐘對話，你會得到真正完美的對話開場白。這種溝通方式會換來同事的衷心感激。

　　到目前為止，本書主要著重於口頭溝通和對話，而不是電子郵件、會議、簡報或演講。除了與人面對面交談之外，大部分的職場溝通都是透過電子郵件和會議進行。下

一章將介紹議題框架和結構摘要如何應用在不同的場合，你將看到這兩種技巧如何幫助你提出完美的第一分鐘對話，以因應各種不同的職場溝通場景，包括：電子郵件、會議、面試、近況報告，以及莫名其妙要求你提供最新資訊的尷尬情況。

[課後練習] 嘗試在第一分鐘溝通加入時間查核、交談確認點

利用你在第二、三章學會的第一分鐘溝通框架，在整段訊息中加入時間查核、交談確認點，提升你的溝通技巧，給人留下有禮貌的第一印象。

時間查核：＿＿＿＿＿＿＿＿＿＿＿＿＿＿＿＿＿＿＿＿＿＿＿＿＿＿

交談確認點1：（擇一）＿＿＿＿＿＿＿＿＿＿＿＿＿＿＿＿＿＿＿

議題框架：

背景脈絡：＿＿＿＿＿＿＿＿＿＿＿＿＿＿＿＿＿＿＿＿＿＿＿＿＿

溝通意圖：＿＿＿＿＿＿＿＿＿＿＿＿＿＿＿＿＿＿＿＿＿＿＿＿＿

關鍵訊息：＿＿＿＿＿＿＿＿＿＿＿＿＿＿＿＿＿＿＿＿＿＿＿＿＿

結構摘要：

目標：＿＿＿＿＿＿＿＿＿＿＿＿＿＿＿＿＿＿＿＿

問題：＿＿＿＿＿＿＿＿＿＿＿＿＿＿＿＿＿＿＿＿

解決方案：＿＿＿＿＿＿＿＿＿＿＿＿＿＿＿＿＿＿

交談確認點2：（擇一）＿＿＿＿＿＿＿＿＿＿＿＿

5

不同情境下的應用技巧

本章展示如何將議題框架和結構摘要的技巧應用在各種情況。

在電子郵件運用第一分鐘溝通技巧

本書描述的溝通技巧不限於口頭對話交流，還有寄發電子郵件、會議邀請、討論不斷升級的議題、商業簡報，甚至面試訪談等用途，都可以從這些簡單的技巧中受益。

本章展示如何將議題框架和結構摘要技巧應用在以下場合：

- 電子郵件；
- 會議邀請通知；
- 近況報告；
- 出乎意外的問題；
- 不斷升高的議題；
- 傳達好消息；
- 簡報開場白；
- 即時通訊平台；
- 面試訪談回應。

根據Adobe一項針對電子郵件溝通的研究發現，電子郵件是與同事互動的首選管道[9]。39％的受訪者表示主要透過電子郵件提出問題，57％的受訪者則是藉此提供工作近況報告。

雖然電子郵件可能已經取代對話，成為職場的主要交流方式，但是簡明扼要的溝通需求並沒有改變。所幸，對話的議題框架和結構摘要技巧也可以應用於電子郵件，減少郵件內容的長度，大大提高訊息的清晰度。

如何在電子郵件中運用議題框架和結構摘要

將議題框架和結構摘要應用於電子郵件的一般格式：

- **背景脈絡**：位於主旨欄中。
- **溝通意圖**：可以放在郵件主旨欄或正文的第一行。
- **關鍵訊息**：應在正文的第一行就提出。
- **目標、問題和解決方案**：在正文中以條列式要點或分別以小段落呈現。

在電子郵件中運用議題框架和結構摘要

	收件者	Diane@work.com
傳送 （S）	副本(C)	
	主旨(U)	網站更新__需要決定優先順序 （背景脈絡＋溝通意圖）

嗨，黛安，

妳能幫我為網站開發團隊決定優先順序嗎？（關鍵訊息）

目標：產品團隊要求我們解決網站登錄介面的問題，我們需要盡快處理這項請求，因為客戶一直打電話抱怨無法登入自己的帳戶。

問題：我們團隊的資源有限，必須延後另一項工作的交付日期才能完成修正。

解決方案／請求：妳能協助我了解下列專案項目的優先順序嗎？哪一項可以延後處理呢？

・**第一項**：主頁面側邊欄功能表的版面編排修改
・**第二項**：自動生成PDF
・**第三項**：在聯絡頁面添加問卷

我們要在星期五之前決定要延後哪一項，所以妳還有幾天的時間思考。如有任何問題，請給我回電。

謝謝。

克里斯

這封電子郵件中包含了議題框架和結構摘要的所有要素。

- **議題框架**：前30個字告訴黛安郵件的主要內容。主旨欄位提供了背景脈絡以及溝通意圖。正文第一句話重申意圖，也點出關鍵訊息。
- **結構摘要**：目標、問題和解決方案都標示出段落要點，並以粗體字突出顯示。每一個要點一段，有助於閱讀時區隔這些要點。

在撰寫電子郵件正文時，你可以不用項目標示，純粹用句子表達結構摘要的各個部分。然而，利用項目標示和粗體字來凸顯目標、問題和解決方案是萬無一失的方法，確保收件者知道各項訊息的重點所在。

範例中還出現另一個要素。解決方案的部分加了「請求」一詞，有助於闡明該段的意圖。如果黛安只是快速瀏覽一下電子郵件，她會注意到「請求」一詞醒目的粗體字，這是一個明確的行動要求。

黛安或許需要深入地了解各個專案項目才能做出決定，也可能會有後續的郵件或電話溝通，但是至少她會對需要達成的目標、問題和解決方案有清楚的概念。

雖然把握一切機會強化人際關係很重要，但是大多數的職場電子郵件都是事務性質，和一般口頭交流不同，郵件中通常沒有必要噓寒問暖，收件者通常比較重視訊息是否直截了當。

例外狀況：有些電子郵件不需要結構摘要

　　每封郵件都應包含主旨，開宗明義提供背景脈絡、溝通意圖和關鍵訊息，但不是所有郵件都需要用到GPS原則來編寫結構摘要。例如：如果你只是要問「1個」問題、回覆訊息、參與群組郵件討論或回饋訊息，通常就不需要採用GPS原則來編寫。

　　對於複雜的主題，發送第一封電子郵件起頭就應該採用結構摘要，以確保主題清晰，但接下來回覆郵件時就不需要再使用了。將郵件討論串視為對話，每個參與者的回覆自然地來回流動，無須每次都採用正式的結構。

　　如果電子郵件討論串變得冗長混亂，或參雜了多個主題，就不再符合此規則的例外情況。電子郵件討論串可能快速擴展到十封以上，尤其是有許多人牽涉其中、甚至中途加入新的郵件收件者，討論串的回覆數量快速暴增，這種情況之下的對話可能偏離最初設定的目標，也可能衍生新的或不同的問題。

　　此時，在討論串中運用結構摘要的時機又到了。如果對話的意圖不再清楚，或是目標、問題和解決方案的本質混亂不明，就應該在下一次回覆中再度納入結構摘要。重新使用結構摘要的好處是，有人會確認你是否正確理解目前狀況，而別人也會感激你澄清與整理訊息，大家重新關

注現階段要解決的問題。

舉例說明2

利用電子信件重申討論的問題

如果電子郵件來回討論了很長一段時間，目的不再明確，不妨試著利用以下回覆格式來釐清真正的討論內容：

> 大家好，
>
> 　　我一直在關注討論的內容，想確認我們目前想要達成的目標是什麼，能否請你們告訴我以下的摘要是否正確？
>
> - **目標**：【在此敘述你所理解的目標】
> - **問題**：【在此敘述你所理解的問題】
> - **解決方案**：【在此處敘述你所理解的解決方案】
>
> 謝謝。

如果你是郵件討論串的其中一位收件者，請不要默默承受混亂，而是要採取上述簡單的步驟，澄清對話內容。不妨主動提出結構摘要，確認大家是否認同你的概述，再繼續討論下去。

順利的話，電子郵件大量回覆的討論串將會中止，改成電話或面對面溝通。在這種情況下，會議或電話溝通也應該以結構摘要開頭，以確保每個人對於談話內容都有相同的理解。

轉發電子郵件討論串

如過你要轉發電子郵件討論串，永遠記得在郵件中使用結構摘要。

每當你想轉發電子郵件討論串給新的收件者，請不要讓對方自行探索資訊，或徑自猜測你轉發此郵件的原因，更不該指望對方把郵件訊息從頭讀到尾。

想像一下，走廊上有人從你身邊經過，然後把一疊文件塞到你手裡說：「把這些文件讀完。」然後轉身就走，你對這種互動做何感想？你會想要讀完十幾頁的文件找出關鍵訊息嗎？我猜你會不太高興，可能根本連看都不想看，而且你對那個人的印象肯定不會太好。

這種做法無禮到難以想像。然而，如果你轉發一份長達二十封電子郵件討論串給別人，一開頭只丟了一句「僅供參考」「詳見下文」或是「我認為你可能需要知道這些資訊」，給人的感覺就跟上面情況一樣無理。

　　轉發電子郵件討論串時，正文的撰寫應該像開啟新對話一樣，也確實應當如此。你需要提供背景脈絡、表明發送此郵件的意圖、收件人需要了解的關鍵訊息以及提供結構摘要，不要讓收件人自行探索。如果你沒有提供郵件摘要，收件人很可能根本不想看，或是看不懂你想表達的重點。

　　無論是想要得到的資訊、討論不斷升級的議題、提出問題，在轉發電子郵件討論串時，請務必要在文中提出結構摘要。

冗長的電子郵件

　　電子郵件應該要簡短、切中要點。話雖如此，我們還是很常發送和接收長達數頁的訊息，每次看到這種冗長的郵件內容，我就會兩眼呆滯無神。我們會跳過收件匣裡的這些信，心裡想著稍後有空再看就好了，甚至有些人根本不願意看。

　　冗長無間斷的文本不容易閱讀。收件者不想看一整頁密密麻麻的文字是因為：

- 這封郵件要花很長時間才能讀完。
- 沒有跡象顯示這封郵件很緊急，有必要立刻讀取。

- 很難看出正文各部分有什麼差異。
- 無法引起他人的注意力；讓人搞不清楚重點在哪裡。

　　要收件者將純文字的郵件從頭讀到尾，逐行尋找關鍵訊息、行動請求等等會花很多時間，由於還有其他數百封郵件等著他們處理，這種冗長、文字密密麻麻的訊息會被忽視。

　　想區隔長篇文本使內容更容易閱讀，最簡單的方法就是添加標題、項目符號和段落空行。這就是議題框架和結構摘要的另一項好處，可以做為標題和要點架構，建立清晰的訊息使內文容易被人理解。

　　看看以下兩封電子郵件，內容完全相同，但是第二封郵件利用議題框架和結構摘要製作成項目標題。儘管第一封郵件看起來文字比較短，但是想立刻找出關鍵訊息卻困難很多。

小提醒

郵件僅為樣式範本，重點是要展示郵件結構視覺上的效果。

舉例說明3

結構鬆散的內容 V.S. 利用議題框架和結構摘要建構的內容

傳送(S)	收件者	cox_manager@workemail.com
	副本(C)	
	主旨(U)	傑森公司的後台理問題

考克斯經理，您好：

　　我突然有一件緊急事情想跟你說，就是目前正在進行的專案，我發現傑森公司提出的後台修改幅度超出預期，我們可能無法如期完成。所以我去拜訪客戶了，客戶說：「之前不是說這時間沒問題嗎？相關資訊我們已經發布給所有分公司，還安排了客服員工訓練計畫。」

　　其實我拜訪客戶之前有檢查過所有修改任務，全部都可以順利交付，除了某一項任務無法如期完成，後來客戶也能理解，他們說那客服訓練計畫可以如期舉行，沒改好的那項功能用口頭與圖像說明就好，省略實際操作。

　　所以，我覺得應該沒有太大問題了。

　　總之，我只想回報這專案的最新進度，我想你有必要知道這些訊息，之後召開例行會議的時候可以彙報給大家聽。

大衛

傳送	收件者	cox_manager@workemail.com
（S）	副本（C）	
	主旨(U)	拜訪傑森公司_ ABC專案後台修改近況更新報告

考克斯經理，您好：

關鍵訊息：傑森公司的後台修改ABC專案進度無法如期達成。

目標：
- 傑森公司針對後台修改的新變動，已經安排所有分公司的客服員工訓練計畫，因此如期完成ABC專案勢在必行。

問題：
- 不過實際執行之後發現，傑森公司提出的後台修改幅度超出預期，我們可能無法如期完成。

解決方案：
- 我先跟團隊確認所有修改任務，除了某一項任務無法如期完成之外，其他都可以順利在截止日前交付。
- 我親自拜訪客戶討論可行方案。客戶表示理解，他們會如期舉行客服員工訓練計畫，沒改好的那項功能用口頭與圖像説明就好，省略實際操作。

謝謝。

　　　　　　　　　　　　　　　　　　大衛

寫電子郵件最好盡可能簡明扼要，但是有時候需要更多訊息才能清楚描述目標、問題以及最重要的解決方案。如果你的電子郵件包含了大量訊息，議題框架和結構摘要的原則仍然適用。

首先，運用上述的標題和結構來規畫電子郵件版面。如果你在這三個標題（目標、問題、解決方案）之下需要納入更多內容或要點，只需要在該標題項下方添加項目符號。用意是以易於理解的方式建構訊息，使溝通意圖不致於含糊不清。

在電子郵件中運用交談確認點

電子郵件的議題框架、結構摘要和交談確認點等原則，與面對面溝通的原則相同。簡明扼要地傳達訊息，並詢問對方是否有能力和時間回應（需要多少時間？何時可以回覆？），這些元素對於良好的溝通十分重要。

很多人覺得很難在第一封郵件中簡潔傳達目標與主題，總是認為有必要納入很多訊息才能把話說清楚，千萬不要有這種想法。多嘗試就對了。

開會通知＆會議開場白

想要每位受邀者踴躍參加會議，有共識地在會議中解決問題，會議發起人就必須在會議邀請中使用結構摘要，讓與會者知道開會的目的和原因。

> 「如果你發給我語焉不詳的開會通知，就不必期待得到回覆。」
>
> —— 佚名人士

想像一下，一位同事來到你辦公桌前，告訴你上午十點去二號會議室開會，隨即轉身就走，沒有說明是什麼樣的會議，也沒解釋為什麼要你去參加。

你會做何感想？你會去開會嗎？

這種情況在職場中很少發生，不過大多數的職場人士的確每天會收到空洞或相關資訊不足的開會通知。

語焉不詳的會議邀請不僅不禮貌，也是造成工作效率低落的主要原因。根據魯迪克會議（Ludic Meeting）的一項研究顯示，會議效率低落的主因是開會目的不明確❾，只有1/10的受訪者表示自己都會收到會議目的，1/3的人表

示偶爾才知道，幾乎有1/6的人很少或從來不知道要開什麼會。貝恩諮詢公司（Bain and Co）的另一項研究報告表示，一般人的工作時數中平均有15％的時間花在開會上[⑩]。對於經理和高階主管來說，這個數字升高到35％以上。

我們每天花在會議上的時間那麼多，又缺乏明確的目的，造成許多與會者根本不知道自己為何要參與其中。再者，發出空洞或相關資訊不足的會議通知，也是大多數公司的常態現象。

所幸的是，會議通知其實很好解決，只要稍加修改議題框架，並在每次會議邀請中採用結構摘要，就能確保收到會議通知的人都知道開會的目的，以及必須參加的原因。

運用會議的議題框架來表明開會目的

收到會議通知卻不清楚開會目的，等於不知道為什麼要參加會議，也不知道要不要事先準備資料，萬一同時段有其他代辦事項，會很難判定事件的優先順序。

會議通知相當於開啟一場對話。正如本節開頭所舉的例子，沒有人會突然走到同事面前要求對方在特定時間去某地開會，卻完全不提供背景脈絡和出席原因。如果你不會做這種事，也請不要在溝通郵件的時候這麼做。

每位受邀參加會議的人，都想了解開會的目的和預期結果。會議結果可能是做某個決定、讓與會者更了解某項專案的情況、集思廣益一些創意點子、有共識的解決方案等等，不管想達成什麼結果，每位與會者都應該事先知道。

　　議題框架不但是面對面溝通的好幫手，也適用於會議邀請通知，只要在關鍵訊息部分加上兩個新要素就好了，如圖表13示：

圖表13 運用議題框架來發送會議通知

- **背景脈絡**：表明在主旨欄中。
- **溝通意圖**：表明在主旨欄中。
- **關鍵訊息**換成兩個新的項目：
  　1. 會議目的：一句話說明召開會議的目的。
  　2. 會議結果：一句話說明會議的預期結果或產出。

在說明會議預期結果之後，可以附加以結構摘要撰寫的訊息，簡單地概述會議主題，有助於與會者為會議討論做好準備。

舉例說明

使用議題框架和結構摘要來發送會議通知

範例 1

收件者	colleagues@work.com
主旨(U)	新計畫啟動__需要確定工作人員

【以下開始撰寫會議邀請正文】
會議目的：找到合適的人選來啟動新的軟體升級計畫。
會議結果：列出計畫所需工作人員清單。
附加訊息：（可以在此納入結構摘要。）

克里斯

範例2

收件者	colleagues@work.com
主旨(U)	衛生安全法規變更__我們需要做好因應準備

【以下開始撰寫邀請正文】
會議目的：檢視衛生安全法規異動處，並制定部門實施計畫。

> **會議結果**：我們為實施新的衛生安全法規而採取的行動計畫。
>
> **關鍵訊息／摘要**：總部已經發出新的衛生安全指南。在新法規執行之前，我們有一個月的準備時間。這些變動並不大，但還是要確保我們做好萬全準備。
>
> **附加訊息**：（可以在此納入結構摘要。）

　　第二封郵件範例除了會議目的和會議結果外，選擇將關鍵訊息保留在議題框架中，同時也提供了一些背景訊息，幫助與會者提前了解情況。上述的範例是不提供結構摘要和附加訊息的折衷方法。如果關鍵訊息的內容足以確保受邀的與會者清楚了解會議目的和預期成果，可以選擇不再提供完整的結構摘要。

　　正如這些範例所示，向收件人提供足夠的會議相關訊息並不難，只需要兩、三個要點就可以概述清楚，說明會議目的，也確保收件者知道開會的原因。

小提醒

運用上述框架時，不妨保留邀請信中的粗體字，這樣有助於引導讀者閱讀重點訊息，使其更容易理解。

時間查核和交談確認點呢？

　　電子郵件的會議邀請既不需要時間查核，也不需要交談確認點。

在面對面的對話中，有必要進行時間查核，讓對方有機會選擇是否將對話延後進行。至於會議邀請郵件不需要的原因在於，收件人可以自行決定查看郵件的時機，必要時可以稍後再讀取。

另外，會議邀請也不需要交談確認點，因為回覆邀請本身就是一種確認，收件者會給出接受、拒絕或暫訂的回應。如果時間有異動需求，他們會自行提出。

會議議程呢？

根據傳統慣例，所有會議都應該有議程。如果召開會議的目的是要解決特定問題，那麼包含會議目的和會議結果的邀請信本身就是議程。一般來說，添加正式議程會造成會議召集人多出額外的工作，也讓受邀的與會者得多讀一份文件。

不過，如果會議有多個主題，那麼提出各主題議程安排有其意義。有些會議的每個主題都有不同的發言人，議程有助於顯示會議中各主題的討論順序。好消息是，議程可以運用議題框架原則來撰寫。即使討論的主題五花八門，會議也有中心主旨，邀請信的議題框架應該與之相關。必要的時候，議程上的每個主題都可以有各自的議題框架和結構摘要，就跟多主題的對話框架一樣（參考圖表14）。

會議期間在介紹議程上每一個主題的時候，都應該像開啟新的對話一樣，利用議題框架和結構摘要的所有原則和技巧再重申一次。

利用明確的目標和開場白提高效率

會議有清楚的開場白可以提高開會的效率。如果你在邀請信中提出了會議目的、會議結果和結構摘要，你在會議一開始時就有了現成的開場白。

我建議不妨利用議題框架和結構摘要方法來撰寫會議邀請，然後利用同樣的內容開啟會議。即使訊息已經附在邀請信中，在會議一開始還是有必要再次重申，原因如下：

- 不是每個人都會看邀請內容，也不要假設所有與會者都知道開會目的。
- 看過內容的與會者可能是在幾天或幾週之前收到邀請信，等到開會的時候大概也記不太清楚詳細的資訊了。
- 清楚的開場介紹可以使與會者專注於眼前的主題。
- 讓與會者同步化。每個人在會議一開始都聽到了相同的目標、問題和倡議解決方案等資訊和情況描述，有助於減少錯誤假設。

圖表14 多主題的會議議程框架

會議議程

議程主題 1
設定議程框架

議程主題 2
設定議程框架

議程主題 3
設定議程框架

議程主題 4
設定議程框架

議程主題 5
設定議程框架

- 此舉讓大家有機會針對會議目標、問題或解決方案進行提問、確認或澄清。如果有不清楚的地方，最好在會議一開始就解決，確保每個人都清楚理解。
- 此舉可以讓發言者安心。如果你對主持會議感到緊張、不自在，開場白有一分鐘的時間讓你輕鬆進入議程討論，而且你可以照念準備好的筆記，甚至不必擔心開場白會詞窮。
- 透過討論會議結果和納入結構摘要中的解決方案，使你不必浪費太多時間討論問題的來龍去脈，讓與會者一開會就專注於解決問題。

多年來我在工作中總是會議不斷，一場接一場開，幾乎沒有喘息的空間。在這種情況下，我需要在幾分鐘之內就把注意力轉移到新話題上。如果是由我來主持會議就更不輕鬆了，常常在準備下一場會議討論的時候，我的大腦還在思索上一個會議的結果。

為了讓事情順利進行，避免在不同對話之間產生混淆，我會在所有會議一開始重述邀請信中載明的訊息，這樣不只能夠幫助我將注意力轉移到眼前的主題，也會敦促自己寫一封清楚的會議邀請信，因為我知道會議中一定會派上用場。

小提醒

> 寄送具有完整框架的邀請信，不但受邀的與會者可以事先
> 做好準備，也可以讓自己更輕鬆地展開會議議程。

遠距工作、電話和遠端視訊會議的大忌

　　邀請他人來參加會議很容易，點幾下滑鼠，邀請信就發送出去了。再加上，隨著遠距工作和電話、遠端視訊會議的增加，參加會議的人數不再受限於場地大小，大大減少了必須實際出席會議的限制，於是我們的行事曆充斥著一堆不太相關的會議。

　　轉發會議邀請不是什麼問題，但轉發空洞或不明確的邀請就是大問題了。收件人收到了語焉不詳的會議邀請，不是轉而向會議召集人詢問更多訊息，就是選擇性忽視會議，不管是哪一種選項，對方都會認定你不是一位優秀的溝通者。

　　在邀請信中提供明確訊息的另一個好處是，你會減少收到別人詢問會議內容的電子郵件量。

透過交談確認點來減少不相關的會議

　　撰寫會議邀請信並不需要附加交談確認點（如前文所述），但是在會議一開始時提供交談確認則是好處多多。

即使你在會議邀請信中清楚地介紹和說明會議資訊，有些收件人也不見得會看，這種情況比你想像的還常發生。這些人很有可能來開了會，卻從頭到尾都納悶自己為什麼被邀請與會，如果你沒辦法從與會者那裡得到預期的結果，對雙方來說都是浪費時間。這種情況也會讓人覺得你不是一位優秀的溝通者。

在會議現場介紹了議題框架和結構摘要之後，不妨再補充交談確認點，你會得到這些好處：

- 提供適當時機讓與會者針對會議目的、背景或摘要訊息提問。
- 確認在場人士都是會議的相關者。
- 這是讓不相干的人選擇是否離開會議的最佳時機。

前兩項益處非常顯而易見，第三項益處則是讓會議召集人感到不自在，找人來開會已經很不容易了，為什麼還要給人機會離開會場呢？如果你在職能分工明確的專業環境中工作，人人對自己的行為和成果負責，那麼每個人應該都有能力判斷自己是否可以從會議中獲益，或是對會議結果有所貢獻。其中的關鍵在於，為受邀的與會者提供足夠的訊息，使他們能夠做出明智的選擇。

　　會議開場介紹之後，利用交談確認點讓人們有機會退出，最簡單的方法是直說：「如果這些議題與你的工作無關，請隨意離開，不必客氣。」

　　透過議題框架再加上結構摘要提供充足的訊息，出席會議的人可以評估會議內容與工作的切身程度，自行決定是否有必要繼續留下來。

　　這話聽起來有點不可思議，你可能認為大家都會離開。好吧，或許的確會走掉一、兩個人，但是大多數人都會留下來。離開的人選擇把時間花在更有意義的工作上，其實對他們和公司都是有利的。

小提醒

> 老實說，上述的做法不能通用在所有行業或公司體制。有些團隊成員太資淺、缺乏經驗，甚至不具備應有的專業技術，如果你基於某種原因知道哪些人必須參加會議，不妨直接點名他們留下來，你可不希望重要的相關與會者離開會議吧。除此之外，其他人都可以自由選擇。

　　有些人對於貿然離開會議感到不自在，可能會選擇留下來。如果你知道某人與此會議並不相關，可以明白告訴他們，甚至直接詢問他們想不想要離開。務必給出明確的理由。例如：「嗨～金，今天會議的內容與你的工作團隊

不太相關。如果你想留下來參與討論，我很歡迎，但若是你想離開，我也不會介意喔。」有時他們會趁機離開，有時會選擇留下，都無所謂，重點在於你不強求別人留在會議中，因此沒有人會指責你浪費他們的時間。

召開定期例行會議的時候，這種做法很有效，因為每次會議討論的主題可能有所不同，並非所有出席者都能從當週會議主題中獲益。運用交談確認點給別人善用時間的機會，他們會心存感激。

運用交談確認點還有另一項好處，我發現讓出席者自行選擇是否參與，反而可以提高討論的參與度。

撰寫會議邀請信要像一般電子郵件嗎？

在會議邀請信中，是不是要和電子郵件一樣的方式開頭？例如：親愛的約翰。其實沒有影響，寫法完全取決於你個人的偏好和風格。

基於以下兩個原因，我建議在邀請信中直接開始陳述會議目的，並跳過稱謂問候：

1. 召集會議一般都會牽涉到很多人，因此會議邀請中只向一個人打招呼很奇怪，而在信件開頭列出所有受邀者姓名又很不切實際。

2. 很多人會透過手機讀取會議邀請，由於螢幕空間有限，將會議目的放在郵件第一行有助於手機閱讀，能增加被看到和讀到的可能性，進而提高出席率和參與度。

如果你對於制式、沒有人情味的議題框架感到不自在，可以在關鍵訊息之後添加個人備註或電子郵件形式的訊息。

課後練習 重擬會議邀請信

查看你的工作行事曆，找出近期你為即將召開的會議寄送出的邀請信（已經寄出的也沒關係）。信中是否清楚說明了會議的主旨？

_____

_____

_____

承接上提，信中是否包含了本章描述的要素？

_____

_____

_____

如果沒有，不妨重寫邀請信，納入會議目的、預期的結果、以及
關鍵訊息或摘要：

收件人：_____

主旨：_____

會議目的：_____

會議結果：_____

附加訊息：（可以在此納入結構化摘要。）

- ● _____

- ● _____

- ● _____

- ● _____

- ● _____

改寫完成後，將更新版本發送給所有受邀者。不必擔

心寄了太多會議更新，要知道很多人會慶幸有更清楚的版本，不太可能因為收件匣多了一封郵件而惱怒。如果你不想修改已經寄出的會議邀請信，請務必在下次有會議時運用這方法。既然無法改變過去，至少可以努力改善未來。

本節重點回顧

　　會議是職場工作的一大挑戰，我們經常收到空洞或不明確的邀請，也經歷過莫名奇妙的會議現場。會議邀請是要開啟新的溝通管道，應該要像準備面對面的對話一樣，事先設定議題框架並提出會議摘要。

　　在邀請信中標示背景脈絡、意圖、會議目的和會議結果等等項目標題。如果有會議議程，請確保每個主題都有各自的議題框架。

　　下次當你準備「發送」會議邀請郵件時，不妨暫停一下，檢視內容，仔細想想上述的格式應用。如此一來，參加會議的人會更了解情況、更有參與感，也可能因此心情更好。

演講、不斷升高的議題和其他情況

在本書中我提出了各種情境範例，展示如何在不同類型的職場對話和溝通中鋪陳正確的第一分鐘。不僅如此，有些沒有明確描述的情況也可以應用議題框架和結構摘要的技巧，並從中受益。

接下來的章節，我將指導如何在下列情況中運用這些技巧：

- 提供近況報告；
- 面對突如其來的問題應該如何妥善回應；
- 不斷升高的議題；
- 傳達好消息；
- 簡報開場白。

提供近況報告

在第二章和第三章已經解釋過如何利用議題框架和結構摘要提供近況報告，此處針對這個方法做個總結：

每個近況報告都要設定各自的議題框架，或是遵循同一對話中建構多個主題的方法，確保背景脈絡、溝通意圖和關鍵訊息都很清楚。

近況報告通常與正在進行、最近剛完成的工作有關。報告未來工作的進展也是一樣，全都著重於為解決問題或達成目標所採取的行動和後續步驟。

近況報告的結構摘要應遵循前面教導的相同步驟和原則。即使對方對計畫很熟悉，還是有可能不清楚具體需要解決的問題。如果他們已經了解問題，不妨在目標和問題陳述方面盡量簡短，將報告重點集中在解決方案和後續步驟上，而不必浪費時間陳述已知的內容。

對方愈不了解目標或問題，結構摘要就應該寫得愈詳細，但重點仍應該放在解決方案上，因為這才是討論的價值所在。然而，目標和問題陳述得不夠詳細，對方也無法全盤了解問題，甚至覺得你提供的解決方案莫名其妙。這部分的溝通技巧很難取得平衡，但是只要善用交談確認點，對方若有必要知道更多細節，便可以趁此機會提出要求。另外，即使你的摘要過度簡化，還是能夠在後續清楚地介紹主題，比完全沒給摘要好得多。

專注於解決方案，而非執著於問題所在

向高階主管提供近況報告的時候，很多人傾向仔細描述問題出在哪裡。請盡量避免這種情況，雖然主管可能會欣賞你的團隊為了克服問題所做的一切努力，但是他們更在乎問題是否得到解決。不要把時間糾結在問題上，而是要專注於解決方案。

在說明解決方案的時候也很容易過於詳細，我完全可以理解，畢竟這是展現你的團隊出色地克服挑戰的機會。然而，回到與汽車修理工的對話，對方會想知道問題是否已經解決，如果還沒，何時會解決，又由誰採取什麼行動來解決。

如果你在結構摘要的解決方案中描述未來的行動計畫，不妨簡短說明就好，只要概述關鍵點。除非有人要求，否則不必詳述解決問題的每一步規畫，只要給個摘要，讓對方提出細節問題。若他們想更深入了解，就會自行提問。

同樣的方法也適用於組織中較低層級的同事或員工，只要概述重點，關注後續的行動，如果對方需要更多訊息，給他們機會提問。

真的一分鐘就溝通完了

在許多情況下，真的只需要一分鐘的近況摘要就夠了。

我們誤以為報告近況的時候必須鉅細靡遺地說明解決問題所採取的一切行動，或是詳述所有已經解決的問題。不知何故，我們覺得主管或是團隊成員都需要、或是有興趣了解所有細節。其實，這就是開會報告近況經常超過一小時以上的原因之一。

⬇課後 練習 擬開會時的近況報告

下一次你在向人報告近況時，不妨試著運用議題框架設定、結構摘要和交談確認點，這樣就足夠了。你可能會驚訝地發現，自己收到較少的問題、會面討論時間也更短了。

練習1

背景脈絡：＿＿＿＿＿＿＿＿＿＿＿＿＿＿＿＿

溝通意圖：＿＿＿＿＿＿＿＿＿＿＿＿＿＿＿＿

關鍵訊息：＿＿＿＿＿＿＿＿＿＿＿＿＿＿＿＿

目標：＿＿＿＿＿＿＿＿＿＿＿＿＿＿＿＿＿＿

問題：＿＿＿＿＿＿＿＿＿＿＿＿＿＿＿＿＿＿

解決方案：＿＿＿＿＿＿＿＿＿＿＿＿＿＿＿

交談確認點：_____

練習2

背景脈絡：_____

溝通意圖：_____

關鍵訊息：_____

目標：_____

問題：_____

解決方案：_____

交談確認點：_____

練習3

背景脈絡：_____

溝通意圖：_____

關鍵訊息：_____

目標：_____

問題：_____

解決方案：_____

交談確認點：_____

因應突如其來的提問

工作中常會遇到有人突然問我們問題，或者要求我們解釋一些事情。這些情況可能是開會中被點名回答，或是有人走到你辦公桌旁詢問，無論什麼情況，措手不及並不是大多數人喜歡的體驗，毫無準備只會令人手足無措進一步變成胡言亂語一通。

此時，議題框架和結構摘要可以為你提供清晰、簡潔的回應。冷靜下來，提醒自己設定議題框架的三大要素（背景脈絡、溝通意圖、關鍵訊息），以及結構摘要的三個組成（目標、問題、解決方案），然後善用一分鐘技巧做為你的回應框架。

設定回應議題框架有助於澄清或重申你被問到的問題，例如：

經理：「你能告訴我們這個月的銷售額為什麼不如預期嗎？」

你：「本月的銷售額不如預期，這是因為. . .【在此插入關鍵訊息】【插入目標、問題、解決方案】。」

透過重述問題，不僅確認你充分理解經理提出的問

題，也為你的回答提供了背景脈絡和溝通意圖（這個月的銷售額不如預期。／你能告訴我們為什麼嗎？）。這句話其餘的部分應該是你的關鍵訊息，再加上GPS引導的結構摘要。

被問到上述問題，你很可能升起防衛之心，畢竟主管質疑你的業績成果不理想，本能反應會迫使你找理由為自己辯護。而使用結構摘要有助於你將焦點放在解決方案上，避免情緒反應和藉口。你的回應可以集中在為了避免情況惡化而採取的措施，或是為了改善未來的結果而採取的行動。不管是哪一種，訊息都是正向積極，而且強調獲得更好的結果。

所有規則總有例外。如果你被點名發言、或是被問到自己不太了解的主題，你可能就沒辦法設定議題框架或總結回應。此時，不妨誠實回答說你不清楚，對無法提供有用的資訊表達歉意，或提出可能的解決之道。例如：了解詳情後再適時向大家報告（事後透過電子郵件或在下次會議中更新回報）。

不斷升高的議題

不斷升高的議題是指需要組織高階主管採取行動或進一步了解的情況。在前幾章的「注意事項」「僅供參考」和「請求協助」的範例中,已經介紹過類似情況。

當問題不斷升高時,議題框架和結構摘要對於良好的溝通至關重要,原因如下:

- 可以更快速地進入主題。
- 議題框架和結構摘要是以事實為基礎,減少情緒發洩和找藉口的機會,讓處理升級問題的人更容易評估狀況。
- 結構摘要強調解決問題,避免各種消極的抱怨,進而務實地制定計畫,將注意力集中在想辦法處理問題上面。

如果要見面討論不斷升高的議題,不妨事先寫好重點綱要帶在身邊。不要忽略任何一個步驟,尤其是解決方案,這是整個溝通訊息的關鍵。

如果是透過電子郵件討論不斷升高的議題，不妨遵循前文闡述的方法，確保郵件內容清晰、簡潔、有條不紊。

　　如果你完全不知道該如何解決問題，可以在結構摘要中的解決方案部分請求他人協助。這麼做非常有用，不但能夠快速清楚地定義問題，還能爭取更多的時間來討論可能的解決方案。

傳達好消息

　　為了反映現實，書中提供了許多負面的例子，因為職場大部分的工作都是為了克服挑戰和解決問題。然而，工作也是不斷朝著目標邁進，所有的成就都非常值得慶祝和鼓勵。

　　不過，即使是分享好消息，別人也沒什麼耐性聽著你冗長、漫無邊際地說明。在表達讚賞或認可時，和溝通負面問題時一樣，快速切入主題也很重要。畢竟，愈早知道好消息，可能有愈多時間可以慶祝或準備慶功。

　　傳達好消息和討論問題一樣，都是運用相同的規則，提供背景脈絡，表明溝通意圖，然後直接切入主題。

簡報開場白

　　簡報牽涉到製作投影片和對全場人員發表演說，在許

多方面其實跟對話很像。職場的簡報（除了銷售和行銷目的以外），主要是提供訊息、尋求幫助、提案計畫的意見回饋、做決定等等，這些理由與大多數的職場對話相同，議題框架和結構摘要的原則也適用於此。

網路上有大量關於如何製作簡報的資訊，因此我不打算在此重述或評論。議題框架和結構摘要的好處在於，提供了實用的簡報開場白格式。

在開始進行簡報時，聽眾需要知道背景脈絡，也必須了解溝通意圖和演講的整體訊息。他們或許已經從邀請信中獲得這些訊息，但也可能不知道，無論如何，最好在簡報開始的時候再次重申重點，確保現場的聽眾對你的簡報目的都有共識。

開場白之後你可以照常進行簡報內容。請記住，這個建議適用於工作簡報，如果你的演講純屬娛樂性質、或者像TED Talks那類的專題演講，這些技巧就不適用了。

其他溝通媒介

許多公司使用內部即時通訊系統做為員工之間的溝通管道，例如：Skype、Slack、Microsoft Teams、Flock和Chatwork。在你閱讀本書時，其中一些應用軟體可能已不存在了，換成其他流行的應用程式。本節的重點在於，通訊軟體是職場溝通的新關鍵。

即時通訊平台

不管公司用的是哪一種通訊軟體，議題框架和結構摘要的原則一樣有效。透過這些應用軟體發送的訊息，風格上比較接近日常對話，不同於電子郵件那麼制式。即時傳遞的內容一來一回就像真實的對話交流，而不是一次傳達完整的訊息。

或許一開始你會先打招呼、社交寒暄互動，但是一旦對話進入工作議題，還是需要使用時間查核、議題框架、結構摘要和交談確認點等要素。

與面對面的溝通一樣，當你發送訊息，有必要表明線上交談需要多長時間、要談論什麼主題、希望對方如何處理這些訊息，以及關鍵訊息的簡短綱要。

用即時通訊軟體溝通看似不太正式，但並不代表溝通的時候你不必簡明扼要。如果你遵循本書闡述的原則，那麼不管用什麼管道傳遞訊息，你的訊息都會清楚明確。

設定面試訪談的回應框架

如果說有什麼情況是你想在第一分鐘就給人留下好印象，應該非面試新工作莫屬了。不管是在公司內部申請職務轉調，還是找新東家，留下好的第一印象極其重要。面試關鍵的第一分鐘，不是好就是壞！

幾乎所有公司都將溝通列為前三大重要技能，面試就是展現這項技能的最好機會，證明你是否能夠條理分明、清晰簡潔地溝通。

幸好，面試正是運用議題框架和結構摘要的大好機會。在長達三十到九十分鐘不等的面試過程中，你會被問到類似下面的問題：

- 「請舉個例子說明……」
- 「請說說你曾經……」

面對這類的問題，你沒有十分鐘的時間為自己的經驗詳述背景故事，你需要快速找出面試官真正想聽到的部

分。除非是申請公司內部職務，而你的工作表現早已為人所知，否則面試官不會了解你所列舉的精彩實例。

透過運用議題框架和結構摘要，你可以在一分鐘內闡明任何情況，這是回答問題的完美格式。

一般而言，面試官想知道你面對困難的表現、以及你如何克服工作挑戰。提供此訊息最好的辦法，不就是利用第一分鐘溝通技巧嗎？簡單概述你需要實現的目標、遇到什麼阻礙、以及針對問題所採取的解決方案。

設定議題框架

如果你設定好議題框架，只需要幾秒鐘就可以讓面試官聽懂你的例子。

以下是設定面試的回答框架技巧：

- **背景脈絡**：用一般通俗的語言描述情況，不要用外人可能聽不懂的專案或系統名稱。
- **溝通意圖**：陳述你在此情況下預期發生之事。
- **關鍵訊息**：描述困難情況的重點訊息是什麼？通常是強調你成功克服的問題或挑戰。

例外情況是，如果面試官要你描述失敗的例子（有些

面試問題關注失敗的經驗）。在這種情況下，你可以概述負面結果或失敗做為關鍵訊息。

設定結構摘要

設定好回答框架之後，再利用結構摘要簡明扼要地提出實例：

- **目標**：描述該情況的目標，可能是你個人的、公司的或是你協助別人實現的目標。此處與議題框架的部分內容可能會重複，但沒關係，只要避免採用同樣的字眼，這也有助於強化實例傳達的訊息。
- **問題**：描述阻礙了你、別人或公司達成目標的問題。
- **解決方案**：簡單陳述你為克服難題所採取的行動。如果你提出的例子是別人碰到的問題，則簡單陳述你幫助別人解決問題所採取的行動。

完成一分鐘摘要之後，你可以補充答案，提供更多如何克服問題、達成目標的相關細節。所有的面試答案只需要提供相關資訊，回答足夠充分了就適可而止。

以下是面試問題典型的範例，回答時利用了議題框架設定和結構摘要：

面試訪談的回應框架

面試問題1：說說你在工作中碰過什麼困難，後來又是如何
克服難關？

- **背景脈絡**：我正要和一位重要的新客戶簽約。
- **溝通意圖**：公司規定合約必須由一位高層主管批准。
- **關鍵訊息**：不過當下我找不到任何一位高層主管，很可能失去今年最大的一筆交易。
- **目標**：由於我必須在當天下班前找到高層主管批准合約，搶下這位重要的大客戶。截止時間很緊迫，否則就會輸給我們的競爭對手。
- **問題**：但是當天高階主管全都在外開閉門會議，並嚴格指示不許打擾。
- **解決方案**：我聯絡了銷售部副總的行政助理，詢問是否有緊急聯絡電話可用。同時我也徵詢了我的直屬經理，問她可不可以提供協助。然後我與客戶溝通，讓對方知道可能還需要幾個小時才能取得主管簽名。我想讓對方有心理準備，簽約時間可能超出預期。我的經理最終聯絡上副總，我開車到他們的開會地點取得簽名，然後把合約以急件交由聯邦快遞寄出。整件事驚險萬分，但最終及時將合約送到客戶手中。

　　短短幾句話面試官就了解發生什麼事、為什麼這是困難的狀況。議題框架表明了實際情況和需要解決的問題。結構摘要詳細地描述了問題所在，解決方案的部分說明應試者所採取的一切行動，每一句話都很高桿：沒有偏離主題、沒有不必要的細節、不會沒頭沒尾。

　　這是一份完整的答案，兩分鐘之內就可以陳述完畢。有了這麼簡潔的答案，就有足夠的時間納入交談確認點，你可以趁機問問面試官是否需要了解更多細節，或者有沒有需要澄清的地方。

　　摘要說完之後稍微停頓一下，讓面試官有機會決定要進一步討論你回答的內容，還是要提出新的問題。很多人會發表長篇大論，提供太多面試官不需要知道，甚至根本不在乎的細節，講再多也是浪費時間，不如提供更多可以說服對方雇用你的實例。

面試問題 2：說說你曾經盡全力幫助別人的經驗。

- **背景脈絡**：我趕著在截止日期前提交每月的客戶報告。
- **溝通意圖**：我計畫在當天下午完成。
- **關鍵訊息**：我的團隊新成員凱莉請求我幫忙，我得在準時完成報告或幫助她，二者之間做選擇。
- **目標**：凱莉隔天要向經理們發表她的首次簡報，所有部門負責人都會到場，凱莉知道這是一個脫穎而出的好機會。
- **問題**：糟糕的是，凱莉最近才接手這項工作。在她加入之前，專案運作並不順利，她很緊張得向全場的高階主管報告，而且還是分享壞消息。我知道幫助凱莉準備簡報需要花上大半天的時間，很可能會影響到我自己交報告的時間。
- **解決方案**：我將一場比較不重要的會議改期，排開下午的工作行程，幫忙凱莉準備她的簡報。她對著我練習簡報內容，我們根據專案中的一些資訊修改了投影片，也針對最可能的提問準備了答案。等她比較有自信之後，我就回辦公室繼續完成報告，那天晚上多花了幾個小時

才完成，但一切都很值得，因為凱莉在簡報中表現非常優異。

在這個例子裡，議題框架著重在你本人所面臨的兩難情境，也藉此證明你如何盡全力幫助他人。

結構摘要則有所不同，因為描述的是凱莉這位受助者的目標，而不是你個人的目標。所以問題部分概述凱莉所碰到的困難，也因此造成了你的問題，要是你完全沒有受到任何影響，又怎能說明你盡全力幫助他人呢。解決方案的部分則著重於你為了幫助凱莉而採取的行動，以及你如何解決當下的問題。

面試前的準備

面試的時候你當然可以臨場發揮，但是如果你已經能熟練地運用議題框架和結構摘要，當你被問到一些出乎意料的問題，這些技巧會幫上大忙。一般來說，最好針對面試官可能提出的問題，事先想好你要舉什麼實例。準備實例內容之後，利用議題框架和結構摘要寫下回答範本，再根據常見的面試問題檢視你的答案。你可能需要根據當下不同的問題，稍微調整一下實例內容，以凸顯相關的重點。

如果你有個實例適用於多個面試問題，在設定後續回

第

5

章

不同情境下的應用技巧

答框架時，你可以提及之前講述某個題目時已經陳述過的目標和問題，這麼做可以節省時間，有助於你更快進入解決方案的部分，藉此展示你的能力，這才是你應該強調的重點。

在英語面試中應用這些技巧，主要是將所有內容的陳述都用過去式，而不是現在式，其他一切如常照舊。

面試通常伴隨著巨大的壓力，人在高壓的情況下，往往無法發揮最好的溝通本事。透過運用議題框架和結構摘要的技巧，保證你可以簡明扼要地回應，讓面試官覺得你是一位出色的溝通者。

清晰的溝通始於完美地掌握第一分鐘

　　對話有沒有成效，就看關鍵的第一分鐘了。聽眾的參與度、理解與否，以及後續行動都可以在第一分鐘之內確定。如果對話一開始語焉不詳、亂無章法，你很有可能造成對方的困惑、浪費彼此時間，重點是你也得不到預期的結果。

　　只要聽眾準備好與你溝通，你的訊息就能夠好好地被對方解讀。因此，明確預期你需要多少時間，以便聽眾知道他們即將要展開三十秒還是三十分鐘的討論。然後，設定議題框架引起對方關注，為主題提供背景脈絡，表明你希望他們如何處理這些訊息，然後透過關鍵訊息快速切入主題。

　　對方準備好接收你的訊息之後，不妨針對主題提出清晰的結構摘要。大多數職場對話都是攸關如何解決問題和達成目標。在結構摘要中，清楚地陳述你想要實現的目標，阻礙你實現目標的具體問題，然後提出解決方案。至於解決方案可能是實際解決問題的辦法、或是請求他人協助找出解決之道，不管是哪一種，都要確保你的摘要關注

於未來的行動，而非執著於過去。

　　除非你的談話旨在娛樂他人或故弄玄虛，否則應該在一開始就用幾句話概述主題，幫助聽眾了解對話全貌。不管你的主題有多複雜，這一點也不重要，任何事情都可以用幾句話概述完畢。

　　最後，不要忘記溝通牽涉到兩個人以上。你或許已經準備好要討論問題了，但是對方可能還沒有心理準備。務必確認對方是適合的溝通對象，也有時間參與你的對話，讓他們有機會選擇延後交談時間、或是引導你去找真正可以幫助你的人。

　　本書所闡述的技巧很簡單，但需要時間多加練習，才能夠熟練地運用在各種情況。在與對方交談之前，為每一則訊息寫下議題框架和結構摘要，這麼做會大大提升溝通能力。寫下這些短句只需要花一、兩分鐘的時間，等到你每天的對話變得更簡短、更有效率的時候，你所獲得的回報遠遠超過那幾分鐘。

　　不久之後你會發現，自己更容易根據背景脈絡、溝通意圖、關鍵訊息、目標、問題和解決方案來思考問題。最終，你可以自在地運用第一分鐘溝通技巧，不需要提前做任何筆記。然而，遇到特殊的情況還是事先準備筆記比較好。當我碰到主題特別複雜或是重要關鍵的對話，還是會

事先寫下摘要。在關鍵時刻做好萬全準備，總是百利而無一害。

　　最後，謝謝你讓我有機會分享這些訊息。請善用這些溝通技巧，我深信你一定會成為一名出色的溝通者，你的職場對話將會更清楚、更有效率、更容易取得成果。

參考文獻

1. "Cost of Poor Internal Communications – Business Case for Effective Internal Communications, Siemens Enterprise Communi¬cations," Sept. 20, 2012, https://www.slideshare.net/ldickmeyer/cost-of-poor-internal-communications-912.

2. John Beeson, "Why You Didn't Get That Promotion," *Harvard Business Review*, June 2009, https://hbr.org/2009/06/why-you-didnt-get-that-promotion.

3. E. T. Klemmer, F. W. Snyder, "Measurement of Time Spent Communicating," *Journal of Communication*, Volume 22, Issue 2, June 1972, 142–158, https://doi.org/10.1111/j.1460-2466.1972.tb00141.x.

4. Kristi Hedges, "The Do-Over: How To Correct A Bad First Im¬pression," *Forbes*, Feb. 10, 2015, https://www.forbes.com/sites/work-in-progress/2015/02/10/the-do-over-how-to-correct-a-bad-first-impression/#2784dc7255f6.

5. "What is Information Processing?" Study.com, last visited Sept. 25, 2020, https://study.com/academy/lesson/what-is-informa¬tion-processing-definition-stages.html.

6. "How Does the Brain Process Information?" Teach-nology.com, last visited Sept. 20, 2020, https://www.teach-nology.com/teach¬ers/methods/info_processing/.

7. BLUF," Wikipedia, last visited Sept. 20, 2020, https://en.wiki¬pedia.org/wiki/BLUF.

8. "Email Usage – Working Age Knowledge Workers (US Trended Results), SlideShare, last visited Sept. 20, 2019, https://www.slideshare.net/adobe/2019-adobe-email-usage-study2019 Adobe Email Usage Study.

9. "The State of Meetings in 2020," LUCID, last visited Sept. 20, 2020, https://www.lucidmeetings.com/state-of-meetings-2020.

10. Michael Mankins, Chris Brahm, and Greg Caimi, "Your Scarcest Resource," *Harvard Business Review*, May 2014, https://hbr.org/2014/05/your-scarcest-resource.

本書創作過程中其他參考文獻

McCormack, Joseph. [*Brief*] *Make a Bigger Impact by Saying Less*. Hoboken, NJ: John Wiley and Sons, 2014.

Frank, Milo. *How to Get Your Point Across in 30 Seconds or Less*. New York: Pocket Books, 1986.

Kendall, Rob. *Work Storming: Why Conversations at Work Go Wrong, and How to Fix Them*. London, UK: Watkins Media Inc., 2016.

Borg, James. Persuasion, *The Art of Influencing People 2nd Edition*. Harlow, UK: Pearson Education Limited, 2007.

致謝

　　本書呈現了我十五年來向一些大師學習溝通的成果，也開啟了我下一段振奮人心的旅程：幫助他人學習如何成為優秀的溝通者。如果沒有眾多關鍵人士的幫助、建議和心力投注，本書及其所代表的一切很難成真。

　　丹妮爾（Danielle），妳給了我兩份最寶貴的禮物：寫作的時間、我能有所貢獻的信念。在忙於搬家、換工作、跨洲遷移，以及照顧三歲孩子之際，還能給我時間寫作，我不知道妳是怎麼辦到的，而這一切都是妳在新冠病毒全球大流行期間完成的，更令人驚歎。如果沒有妳，毋庸置疑地這本書不可能出版。

　　羅伯·奧爾本（Rob Alban），你給了我開啟新旅程所需要的動力。教學、培訓和現在的寫作，都源於你堅信我有真才實學、熱中於奉獻所學來幫助他人成為更好的溝通者。你比我更了解我自己，真誠感激你的賞識。

　　金·沙赫特（Kim Schacht）和佛森出版社（Friesen Press）的編輯團隊，感謝你們編修易於閱讀的文本。第一輪的編輯書稿讓我明白，我多麼需要你們的幫助，我衷心感激。你們所提出的建議和修改，讓本書變得更完美、更

適合讀者閱讀。

感謝一群優秀的測試版讀者提供的回饋，豐富且梳理了本書的內容：布萊恩·喬普（Brian Chopp）、亞歷珊卓·艾爾文-科爾梅納雷斯（Alejandra Aylwin-Colmenares）、芭芭拉·史密斯（Barbara Smith）、大衛·克勞斯（David Krause）、普爾納·拉吉（Poorna Raj）、海倫·格林霍夫（Helen Greenhough）、以及巴爾加維·瓦拉納西（Bhargavi Varanasi）。感謝大家。

卡洛斯·德·波姆（Carlos de Pommes），謝謝你教會我清晰溝通的首要原則，我將這些教導銘記在心近二十年，本書的思想源自於此。

最後，我要感謝在凱奈蒂克（QinetiQ）、橘子電信（Orange）、移動研究公司（RIM）、三星（Samsung）、法國電信（France Telecom）、專家公司（Peritum）、網路託管公司（InMotion Hosting）和偉彭醫療（Anthem）共事過的同事，透過數百小時職場真實狀況的溝通，你們幫助我學習和測試了書中的想法，謝謝大家啟發、教導了我。

重點練習回顧

時間查核：＿＿＿＿＿＿＿＿＿＿＿＿＿＿＿＿＿＿＿＿＿＿＿＿＿＿＿

交談確認點1：（擇一）＿＿＿＿＿＿＿＿＿＿＿＿＿＿＿＿＿

議題框架：

背景脈絡：＿＿＿＿＿＿＿＿＿＿＿＿＿＿＿＿＿＿＿＿＿＿＿

溝通意圖：＿＿＿＿＿＿＿＿＿＿＿＿＿＿＿＿＿＿＿＿＿＿＿

關鍵訊息：＿＿＿＿＿＿＿＿＿＿＿＿＿＿＿＿＿＿＿＿＿＿＿

結構摘要：

目標：＿＿＿＿＿＿＿＿＿＿＿＿＿＿＿＿＿＿＿＿＿＿＿＿＿

問題：＿＿＿＿＿＿＿＿＿＿＿＿＿＿＿＿＿＿＿＿＿＿＿＿＿

解決方案：＿＿＿＿＿＿＿＿＿＿＿＿＿＿＿＿＿＿＿＿＿＿＿

交談確認點2：（擇一）＿＿＿＿＿＿＿＿＿＿＿＿＿＿＿＿＿

重點練習回顧

收件人：

主旨：

會議目的：

會議結果：

目標：

-
-

問題：

-
-

解決方法：

-
-

財星百大企業搶學的‧1分鐘GPS溝通術
會議、簡報、信件、LINE、電話……必備的職場高效溝通指南
The First Minute: How to Start Conversations That Get Results

作者	克里斯‧范寧（Chris Fenning）
譯者	何玉方
商周集團執行長	郭奕伶

商業周刊出版部

總監	林雲
責任編輯	潘玫均
封面設計	林芷伊
內文排版	点泛視覺工作室
出版發行	城邦文化事業股份有限公司 商業周刊
地址	104台北市中山區民生東路二段141號4樓
	電話：(02)2505-6789　傳真：(02)2503-6399
讀者服務專線	(02)2510-8888
商周集團網站服務信箱	mailbox@bwnet.com.tw
劃撥帳號	50003033
戶名	英屬蓋曼群島商家庭傳媒股份有限公司城邦分公司
網站	www.businessweekly.com.tw
香港發行所	城邦（香港）出版集團有限公司
	香港灣仔駱克道193 號東超商業中心1樓
	電話：(852) 2508-6231
	傳真：(852) 2578-9337
	E-mail：hkcite@biznetvigator.com
製版印刷	中原造像股份有限公司
總經銷	聯合發行股份有限公司電話：(02) 2917-8022
初版1刷	2023年3月
定價	350元
ISBN	978-626-7252-14-7（平裝）
EISBN	9786267252215 (PDF)／9786267252208 (EPUB)

國家圖書館出版品預行編目(CIP)資料

財星百大企業搶學的‧1分鐘GPS溝通術/克里斯.范寧(Chris Fenning)著；何玉方譯. -- 初版. -- 臺北市：城邦文化事業股份有限公司商業周刊, 2023.03　　　　　　　　面；　公分

譯自：The first minute : how to start conversations that get results

ISBN 978-626-7252-14-7(平裝)

1.CST: 職場成功法 2.CST: 商務傳播 3.CST: 溝通技巧

494.35　　　　　　　　　　　　　　　　111021479

藍學堂

學習・奇趣・輕鬆讀